JN239550

ダムと緑のダム

狂暴化する水災害に挑む流域マネジメント

監修　虫明 功臣（東京大学名誉教授）
　　　太田 猛彦（東京大学名誉教授）
編集　日経コンストラクション

DAM
AND
FOREST

日経BP

1. 山林の崩壊

口絵写真1■ 2017年7月九州北部豪雨で総降水量が最も多かった地域周辺の山林崩壊の様子。福岡県朝倉市の筑後川水系妙見川流域（写真:国際航業、パスコ）

口絵写真2■ 2017年7月九州北部豪雨では山林の表層崩壊が各所で発生した。福岡県朝倉市の筑後川水系妙見川流域（写真:パスコ、国際航業）

口絵写真3■ 2017年7月九州北部豪雨で大量の土砂と流木が発生し流下した。福岡県朝倉市の筑後川水系奈良ケ谷川流域（写真:国際航業、パスコ）

口絵写真4■ 2017年7月九州北部豪雨による山林崩壊では、大量の土砂と流木が人家や農地をのみ込んだ。福岡県朝倉市の筑後川水系北川流域（写真:アジア航測）

口絵写真5■ 2017年7月九州北部豪雨では、多量の雨水が周辺の森林から凹地形へ集中し、山腹崩壊が発生した（写真:林野庁）

口絵写真6■ 2017年7月九州北部豪雨では、立木の根系が及ぶ範囲より深い部分で表層崩壊が発生した（写真:林野庁）

口絵写真7■ 2018年7月西日本豪雨により瀬戸内海沿岸地域では山林崩壊が多数発生した。広島県呉市野呂川ダム周辺（写真:朝日航洋）

口絵写真8■ 2018年7月西日本豪雨では、斜面のみかん畑で表層崩壊が多数発生した。愛媛県宇和島市吉田町（写真:パスコ、国際航業）

口絵写真9■ 2012年7月九州北部豪雨により阿蘇山の外輪山では表層崩壊が起こった。熊本県阿蘇市一の宮町坂梨地区（写真:熊本県）

口絵写真10■ 2014年8月集中豪雨では花こう岩質の山林が各所で崩壊。麓の住宅地を土砂や流木がのみ込んだ。広島市安佐南区・安佐北区（写真:国土交通省）

2. 大量の土砂と流木の流出

口絵写真11■ 2017年7月九州北部豪雨により、山林から流出した大量の土砂と流木が筑後川水系赤谷川周辺に堆積した。福岡県朝倉市杷木林田地区(写真:国土交通省)

口絵写真12■ 2017年7月九州北部豪雨による山林崩壊で流出した大量の流木が下流に堆積した。福岡県朝倉市(写真:九州地域づくり協会)

口絵写真13■ 2019年10月台風19号に伴う豪雨により、山林が崩壊して土砂や流木が流出した。宮城県丸森町（写真:国土交通省）

3. 砂防堰堤やダムでの流木の捕捉

口絵写真14■ 2017年7月九州北部豪雨により発生した山林崩壊に伴う大量の流木を捕捉した砂防堰堤。福岡県朝倉市筑後川水系妙見川流域（写真:国土交通省）

口絵写真15■ 2017年7月九州北部豪雨において寺内ダムは貯水池の上流で大量の流木を捕捉した。筑後川水系佐田川（写真:水資源機構）

口絵写真16■ 2000年9月集中豪雨（東海豪雨・恵南豪雨）において矢作ダムでは貯水池の上流で大量の流木を捕捉した。矢作川水系矢作川（写真:国土交通省矢作ダム管理所）

はじめに

２０１８年の西日本豪雨、17年の九州北部豪雨、東北地方の太平洋側に観測史上初めて上陸した16年の台風10号、15年の関東・東北豪雨など、大きな被害をもたらす水害が最近は毎年のように発生しています。

そして19年は、広域で同時多発的に水害をもたらした台風19号、数多くの樹木や電柱の倒壊により長期間の停電が発生した台風15号など、従来の風水害のイメージとは異なる災害が発生した年となりました。将来振り返ってみると、「気候変動の影響が顕在化した」として記憶される時代を、今まさに過ごしているように思えます。

次から次へと同じ場所で雨雲が発達して豪雨をもたらす線状降水帯や、ヒートアイランド現象などによって局所的に生じるゲリラ豪雨は、近年たびたび発生し世間の注目を集めています。一方19年の台風19号のように広い範囲で河川堤防の決壊が多発したのは、第二次世界大戦後の水害集中期以来のことです。台風については中心気圧が注目を集めがちですが、暴風域の大きさも被害の範囲や高潮の高さなどに影響を及ぼすことから重要です。台風19号は、暴風域が本州の半分を覆う規模の超大型に発達し、広範囲に大量の雨を降らして約１４０カ所の堤防が決壊する水害を引き起こしました。単に決壊箇所数が多いだけでなく、世界経済にも大きな影響を及ぼしかねない利根川の堤防が決壊する可能性があったことも見逃せない点です。利根川水系では既存のダムや遊水地に加えて完成前の八ツ場ダムも稼働しましたが、それでも利根川の埼玉県栗橋地点では、氾濫危険水位を70㎝以上上回る水位を記録。もしも八ッ場ダムが洪水をためられる段階でまだなければ、カスリーン台風の時と同様に首都圏の広域が浸水する恐れがあったのです。

また、19年9月に発生した台風15号は台風に伴う暴風がもたらす影響について教訓を残しました。風が強い台風は、樹木や電柱をなぎ倒し、道路を塞いで救助活動や応急復旧活動を妨げ、長期間の停電をもたらします。米国でハリケーンが来襲する際に数百キロメートル離れた遠くまで避難する計画が作られているのは、高潮などによる浸水の影響だけではなく、暴風の影響も避けて身を守るためです。日本においても暴風への対応を考えるべき時代が来ました。

19年は複合型災害のリスクも顕在化しました。台風19号の被害が各地で発生した10月12日には千葉南東沖を震源とするマグニチュード5・7の地震も発生し、台風の影響で既に地盤が緩んでいる中でひやりとさせられました。また、その1週間後には、千葉県で1時間に１１０㎜の集中豪雨が発生したほか、台風19号で浸水被害が発生した三重県でも尾鷲市において12時間で５００㎜を上回る豪雨が発生し市内の河川が氾濫しました。さらにその翌週には、台風20号、21号の接近に伴う雨に見舞われ、千葉県や福島県の河川が氾濫しました。

日本の多くの河川では10月上中旬以降は「非洪水期」とされ、それ以降の時期にはダムで洪水をためる容量を確保しないことが一般的です。まさに河川計画の前提が揺らいでいるのです。

このように、19年にはこれまで起こっていない事象も含めた様々な災害が発生しました。本書の帯の部分に記した「異常気象はもはや異常ではない」は、気候変動の影響の顕在化などにより、19年の状況に象徴されるように、従来なら異常と思われていた現象がもはや異常とは言えないフェーズに突入したとの認識を反映したものです。

気候変動に伴い規模が大型化し頻度も増加すると見込まれる水災害に関して、本書は河川の上流域に焦点を当てて論じています。河川の上流域での集中豪雨に伴う洪水・土砂・流木が一体となって人家などを破壊する「複合型水災害」が発生した17年の九州北部豪雨が本書を執筆する動機となったことが1つの理由です。

もう1つ、上流域に焦点を当てる重要な理由があります。河川の中下流部に比べて、上流域における災害の実像は、その重要性にもかかわらず、世の中によく知られていないためです。森林の現状、水害や渇水を防止する森林の機能と限界は知られていない部分が多くあり、ダムの機能と限界についても過小な評価と過大な評価が交錯しています。

街が水に浸かった映像は識者の解説とともに、水害のたびにテレビで繰り返し流れます。このため、中下流部における水害の実態や原因については、多くの人が頭の中でイメージできていると思います。それに対して上流部で水害時にどのような現象が起こっているかについては、多くが人里離れた場所ということもあって限られた情報しか報じられていません。その現象の発生原因や今後必要な方策となると、さらになじみが薄いと思います。本書は、水害時に上流部で起こる現象と原因、そして上流部での災害の発生や防御に関わる森林とダムの実態と課題について「イメージ」を持ってもらうことを目的の1つとしています。

樹木の健全な更新が進まないなど様々な課題を抱える森林と、気候変動の時代を迎えて従来以上の効果を持続的に発揮していくことが求められているダムは、手を組む必要があります。

森林に覆われた山は柔らかな土壌に多くの水分を吸収することから「緑のダム」と呼ばれます。「緑のダム」があればダムの治水機能は代替できるといった議論もありましたが、その治水効果には限界があり、特に多量の雨を伴う豪雨災害の際には多くの効果を期待できないことが明らかになっています。

一方で洪水、土砂、流木の影響が重なった複合型水災害は、雨の強度が一定以上になると幾何級数的に発生割合が増えます。また、伐採が進まないことから日本の森林に蓄積された樹木の体積は増え続けており、流木の予備軍が増えています。地球温暖化に伴う気候変動が、激しい強度の雨の発生確率を上げげつつあることを併せて考えると、このままでは土砂崩壊や流木を伴う複合型水災害がさらに頻発し激化する時代を迎えることとなります。

森林は多くの効用をもたらす貴重な存在ですが、さらにそこに適切に手を加え治山を含めた効果的な管理を行えば、この複合型水災害のリスクを減らすことができます。また、森林は流出する水の浄化や餌資源の供給を通じて、下流の河川やダム湖の環境向上にも役立つなど、ダムとの間で様々な相互作用を有します。森林とダムは連携すべきパートナーです。

本書では、森林とダムについて今後の施策の方向性を明らかにし、流域全体での新しい総合的な対策とマネジメントの在り方を提案します。本書が気候変動時代を迎える中での河川の上流域管理に関する新たな視座を提供できればと願っています。

虫明 功臣、太田 猛彦

目次

はじめに 10

第1章 「緑のダム」が決壊した

2017年九州北部豪雨災害の爪痕 24
豪雨で孤立した集落 24
1942年の観測開始以来最大の雨 26
東京ドーム約9個分の土砂と流木の流出 28
洪水、土砂、流木を防いだダム 29
2018年西日本豪雨での再悪夢 31
連年の豪雨災害 31
山林崩壊のメカニズム 34
近年、特に頻発する土砂・流木災害 39
森林が豊かな地域でも多発の恐れ 39
全て砂防堰堤での対策は現実的でない 42

第2章　森林における治水・利水機能とその限界

緑のダムの限界 46
大洪水ではピーク流量の低減を期待できず 47
渇水時には貯水ダムの代わりにならず 49
日本学術会議の見解 52
森林施業による治水・利水対策の限界 53

川辺川ダムにおける緑のダム論争 58
緑のダム論争の経緯と論点 59
森林の保水力についての共同検証（現地試験） 62
健全な流域水循環系の構築に不可欠な森林の保全・整備 65

第3章　急峻な国土に生きる

山は動く 70
3つの土砂災害 71
過去30年でどんどん増える土砂災害 72

森林（植生）の土砂流出抑制効果と限界 74

森林（植生）の土砂流出抑制機能 74
近年の土砂災害の実態 78
緑の落とし穴？ 86
土砂・流木災害にどう立ち向かうか 86
第二次世界大戦後の日本の土砂災害対策 86
ソフト対策の進展とその課題 90
土砂移動現象にほぼ必ず含まれる流木 91

第4章　森林政策を考える

日本の森林の劣化と回復 98
「世界で唯一」の森で暮らした縄文人 98
稲作の伝来と森林の劣化 100
江戸時代は山地荒廃の時代 101
日本の森林が史上最も劣化・荒廃した明治中期 103
戦後社会では森林の蓄積が増加 106
林業の経済政策を優先した林業基本法 108
地球環境時代の到来と森林・林業基本法 109

竹林の繁茂や花粉症のまん延などの新たな問題 112
表層崩壊の激減と土石流の変化 114
森林の充実で河川も海岸も変貌 115
森林は水源涵養機能を十分に発揮 115
森林の多面的機能と森林・林業 117
森林・林業基本法と森林の多面的機能 117
国連のミレニアム生態系評価とほぼ一致する「森林の原理」 118
7つの機能から見る現代の森林問題 120
現代の林業問題 124
持続可能な社会と今後の森林管理 127
ＳＤＧｓと親和性が高い森林・林業 127
新たな森林管理システム 130
市町村に配分する新しい税制「森林環境税」 132
森林認証制度で適切なチェックを 134
山地災害対策と災害に強い森づくり 136
保安制度と治山事業 136
3つの流木の発生源 137
山地・渓流における流木災害軽減対策 141

山腹斜面では表層崩壊をできるだけ抑制 142
渓流の上・中流部では渓床・渓岸の侵食を防ぐ治山施設を 142
渓流下流部では流木捕捉に期待 143
災害に強い森づくりとは 144
不可欠な警戒・避難体制 145

第5章 これからのダムに求められる役割

ダムの目的と機能 150
ダムでは目的別に使用権を設定 150
九州北部豪雨で治水効果を発揮したダム 153
ダムが満杯になると洪水調節機能は喪失 154
予備放流と事前放流 ～洪水時に洪水調節容量を実質的に増やす操作～ 155
通常より洪水時の放流量を絞り込む特別防災操作 156
他の洪水対策と比べたダムの特徴 156
日本と海外のダムの変遷 159
世界一のダム大国だった日本 160
目的が農業、上工水から発電、治水へ 162

ダム大国は日本から米国そして中国へ 163
第一次世界大戦後にダム建設の進展期を迎えた日本 166
戦前の治水ダム整備の遅れのツケを戦後払わされた日本 167
日本の成長を支えたダムによる都市用水の供給 169
ダム完成ラッシュの時期から最近までのダム整備の動向 174
発電面を中心としてダムを見直す最近の米国の動き 174
日本も本格的なダム再生の時代に突入 178
日本のダムの課題と対応 179
地域の分断と人口流出の問題 181
河床低下や海岸浸食とダムの持続性の問題 182
ダム下流の流量の平滑化に伴う問題 185
ダム湖でアオコなどの富栄養化現象が発生 188
魚類等の移動ルートの分断の問題 190
異常洪水の際のダムの限界 191
ダム放流に関するリスクコミュニケーション 195
水需要が伸びない中でのダムの役割 197
ダムの安全性確保 198
生物生態系への影響軽減 199

意外と知られていないダムの機能 200
可変型装置としてのダム 200
生物の生息場としてのダム 201
流木災害や大規模土石流を抑止するダム 202
気候変動時代におけるダムの役割 204
増えている豪雨災害のリスク 204
将来はさらに洪水リスクが増加 205
増加する気候変動リスクへの対応策 207
コラム
米国が世界一のダム大国になった事情 165
オリンピック後の水資源確保対策により救われた首都圏 172

第6章 ダムと森林の連携

ダムと森林の連携による価値創造 216
ダムと森林の機能の関係性 216
ダムと森林の連携によって生じるメリット 218
流域マネジメントの枠組みによる連携 219
これまでの流域マネジメント 220

流域マネジメントの先駆け：熊沢蕃山の治山・治水 220
ダム水没地域の再建・振興を目指す水源地域対策特別措置法 221
水源地研究会の提言 222
120のダムで策定した水源地域ビジョン 224
流域マネジメントを推奨する水循環基本法の制定 226
流域水循環計画への認定事例 229

ダムと森林が連携した流域マネジメントの実現 230
新たな森林・林業行政とダム水源地施策の連携 231
効果的な流域マネジメントを実現する体制の構築 233

おわりに 236
執筆者 238

第1章

「緑のダム」が決壊した

井山 聡

DAM
AND
FOREST

2017年九州北部豪雨災害の爪痕

豪雨で孤立した集落

2017年7月、九州地方北部は死者・行方不明者44人が発生する[1]甚大な豪雨災害に見舞われました。7月5日の昼前から降り始めた雨は激しさを増し、筑後川の支川の流域にある福岡県朝倉市、東峰（とうほう）村、大分県日田（ひた）市にまたがる山間部では、夕方にかけて家屋の浸水、倒壊・流出、道路の冠水・損壊、土砂崩れなどが至る所で発生しました。現地の被害状況を的確に把握するのは困難を極め、住民等からの通報が唯一の情報源でした[2]。午後2時前後に、気象台と県から土砂災害警戒情報が発表され、それに伴い地元の市村からは避難勧告等も出されましたが、記録的な集中豪雨と随所における被害の発生が、住民の避難行動を阻みました。多くの住民は指定の避難所に行けずに、やむを得ず自宅の2階に避難したり、近くの公民館や安全な近所の住宅へやっとのことで逃げ込んだりしました。豪雨の中、意を決して着の身着のままで近くの山に駆け上がった人もいました。高齢化が著しいことも避難を一層難しくしたのです。

災害の翌年、朝倉市は当時の状況等について被災者に聞き取りを行いました[3]。その一部を紹介します（聞き取り内容に一部加筆）。

・「道路に水と石が流れていた。田んぼを滝のように水が流れていた。今まで見たことのない景色であった。午後1時頃であったと思う。それから一度自宅に帰り、コミュニティの事務所に向かった。みんなが集まっていた。その夜は、ここで過ごした。小降りの時、捜索等もした」

・「土砂の落ち方は、ぱらぱらでなく、ドスンと来た」

・「一番上の集落であるが、午後1時半過ぎに急に雨がひどくなり、家に水が迫ってきた。2012年の災害の経験から、土のう袋を用意していたが、それをオーバーして水が入ってきた。2階へ貴重品等を持って上がった」

・「外を見ると、隣の家に流木が突き刺さっていた」

・「その頃、橋が浸かっており、その後橋も流れた」

・「目の前の北川を、流木がどんどん流れた」

・「2階からは、流木が流れている光景が見えたのを覚えている。川は流木が重なり、堰ができて、それがどっと流れたとき、家の1階部分がなくなったようで、2階が旋回しながら倉庫の前に流れ着いた。そのままそこで（2階部分に居て）助かった」

・「不思議な現象として、雷と水の音の他、今までにない『空気が揺れた』ような経験をした。友達はその時、山の上の方で『流木等が一気に流れたのでは』と言った」

・「目の前で雷が木に落ちると、その瞬間に土砂も流れてくる。そのような状況に何度も遭い、しぶきも掛かってきて生きた心地がしなかった」

・「自宅の2階へ避難した人が多かったと思う。外へ出れば流されるという状況であった」

・「垂直避難していたが、午後9時5分頃は停電により真っ暗で、外でひどい音がしていた。異様な音であった。母親は2階に上がれず1階にいたので様子を見に行くと、既に泥水が入ってきていた。母親を起こした時、大量の泥水が入ってきた。翌日の午後2時頃、警察に助けてもらった。ロープを伝って川底に下り、中学校にたどり着いた。振り返ると、在るはずの家が、数軒流されていた」

・「自宅の2階へ避難して助かった人もいたが、裏目に出たケースもあった」

・「夫婦と息子の3人で自宅の2階に避難していたが、1階が水に浸かり家具が流れ出し、『逃げられないので助けてほしい』と近所の人に電話した。電話を受けた近所の人に午後6時30分頃、災害対策本部へヘリの救助を要請してもらった。その後、家は流されて、下流の給水塔につかまっている息子が近所の人に助けられた」

・「主人、息子たち6人は、鉄砲水で流された。息子が主人を引き上げて次の2人も引き上げたが、残りの2人は流されたままであった。その内の1人は亡くなった」

1942年の観測開始以来最大の雨

このように甚大な被害をもたらすきっかけとなったのが、7月5日から6日にかけて九州地方北部に活発な梅雨前線が停滞した影響で発生した、線状降水帯です。猛烈な雨が同じ場所で降り続き、最大1時間降水量が朝倉市朝倉で129・5㎜に達した他、降り始めからの降水量は朝倉市朝倉で586㎜、日田市日田で402・5㎜を記録しました（図1）。朝倉では1時間降水量と1日降水量が1976年の観測開始以来、また日田では1日降水量が1942年の観測開始以来、それぞれ最大を記録しました。この大雨で大雨特別警報や土砂災害警戒情報が発表され、筑後川北岸に流れ込む花月川、大肥川、赤谷川、佐田川、小石原川、福岡県を流れる遠賀川の支川彦山川、福岡県と大分県を流れる山国川の流域などが大きな被害に見舞われました。線状降水帯の中心が停滞した、朝倉市から東峰村にかけての山間部では、山林が随所でえぐられたように大きく崩壊しました（**口絵写真1～4**）。林野庁の調査によると、特に降水量が多かった保安林で崩壊が集中しています（**図2**）。発生した土砂と流木が洪水とともに、沢筋、渓流、河川を流れ下りました。山間部の集落のほとんどがこれにのみ込まれ、多くの住民が被災したのです。

特に、福岡県の旧杷木町や旧朝倉町に当たる赤谷川などの流域では、川沿いの低地全体を洪水と土砂や流木が流下し、家屋、道路、

図1 2017年7月九州北部豪雨の総降水量（7月5～6日）

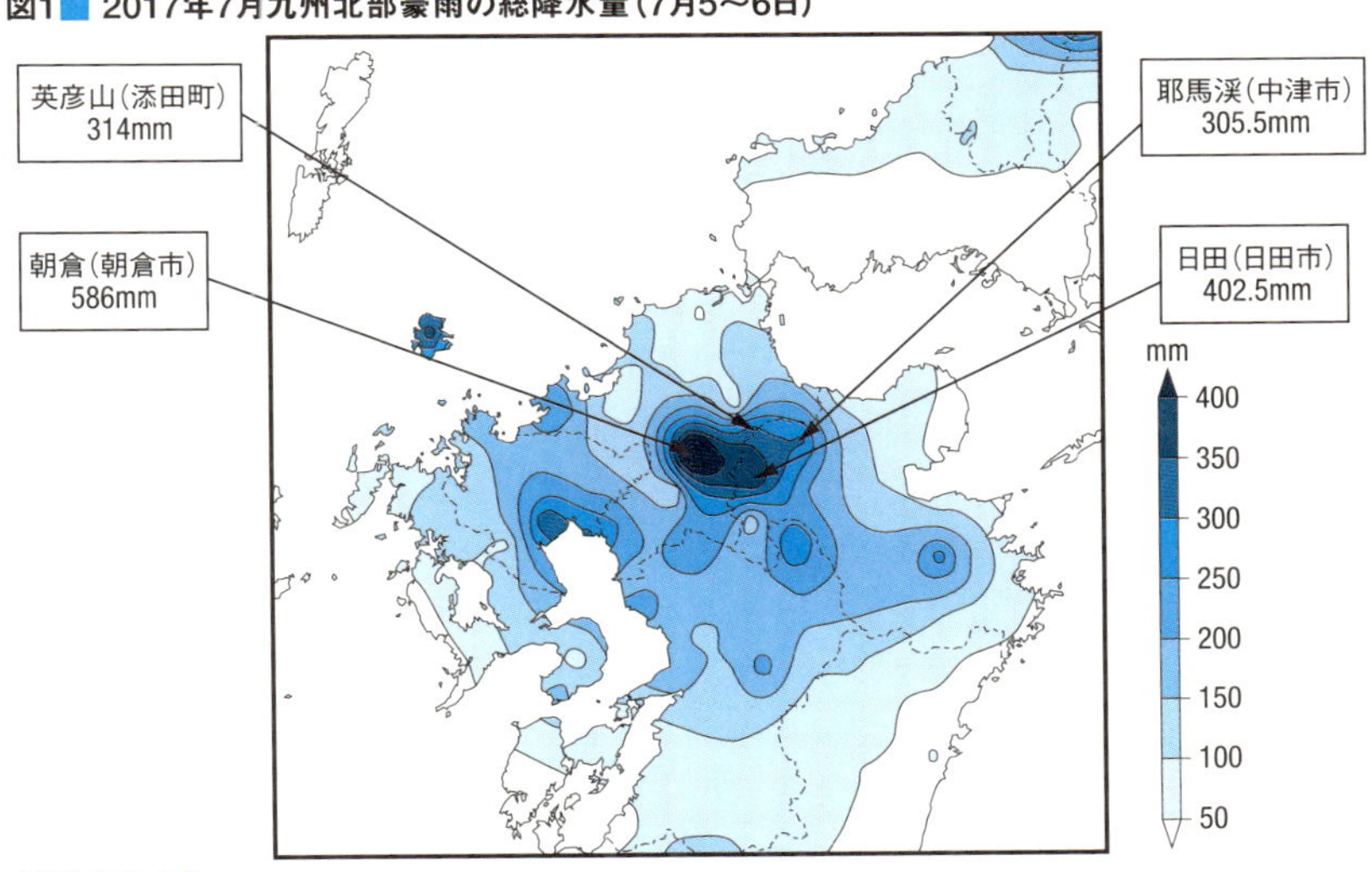
英彦山（添田町）
314mm
朝倉（朝倉市）
586mm
耶馬渓（中津市）
305.5mm
日田（日田市）
402.5mm
mm
400
350
300
250
200
150
100
50

（資料:気象庁4）

農地が大きな被害を受けました（**口絵写真11、12**）。この災害では、特に土砂と流木の流出が著しいのが特徴で、発生した山間部にとどまらず、下流の谷底平野から筑後川周辺の平野部にまで達しています。

東京ドーム約9個分の土砂と流木の流出

これらの現象は、山林に降った大量の雨によって表層の土壌が飽和状態に近くなって崩れることに端を発しています。大量の雨が降り続くと表層土壌中の水圧が次第に上昇し、樹木の根系が表層土壌を支えることができずに崩れ始めます。朝倉市の被災者への聞き取りで「ドスンと来た」「空気が揺れた」との証言がある通り、この地域を上空から見ると、山腹を爪で引っかいたように地肌がむき出しになっています。これらは表層崩壊と呼ばれ、風化した土砂と繁茂していた樹木が一緒

図2 森林と崩壊地の重ね合わせ図

添田町
保安林
森林地域
江川ダム
寺内ダム
東峰村
朝倉市
崩壊地が集中
日田市
筑後川
うきは市
0
4km

林野庁の資料5に加筆

になって沢筋に沿って流れ下ったのです（**口絵写真5、6**）。

大量の雨により沢筋周辺の土壌も飽和状態になっています。普段は水がないような沢筋にも流れが出現し、その上流や沿川から流入した表層崩壊の土砂や樹木を集めながら、さらに下っていくことになります。加えて、山腹から流出した水が混じり合って土石流になるとともに、崩落した樹木は流れ下るにつれて土砂にもまれ、岩や沿川の樹木などと衝突を繰り返します。細い枝が折れ、皮が剥がれた樹木は、幹が裸の様相を呈するようになります。このように流出した土石流と流木が谷底平野にたどり着くと、流路が大きく曲がっている所や狭くなっている所、また低い橋などに集積して、流れを阻害、氾濫して沿川にある人家や耕地をのみ込みます。谷底平野を土砂と流木で埋め尽くした流れは、筑後川北岸の平野部に出てようやく勢いを失いますが、筑後川沿いの集落や道路には大量の土砂と流木が残されました。これらが住民の避難を一層妨げることになります。九州北部豪雨で流出した土砂量は約１０６５万㎥、流木量は約21万㎥と推定されています[6]。合わせて東京ドーム約9個分に相当する量でした。

森林に覆われた山々は、土壌に多くの水を吸収できることから「緑のダム」と呼ばれますが、猛烈な雨に見舞われ崩壊した箇所に限ると、緑のダムが〝決壊〟したと言っても過言ではありません。

洪水、土砂、流木を防いだダム

おびただしい量の土砂と流木の捕捉に一役を買ったのが、ダムです。九州北部豪雨では、筑後

図3■ 寺内ダムの位置図

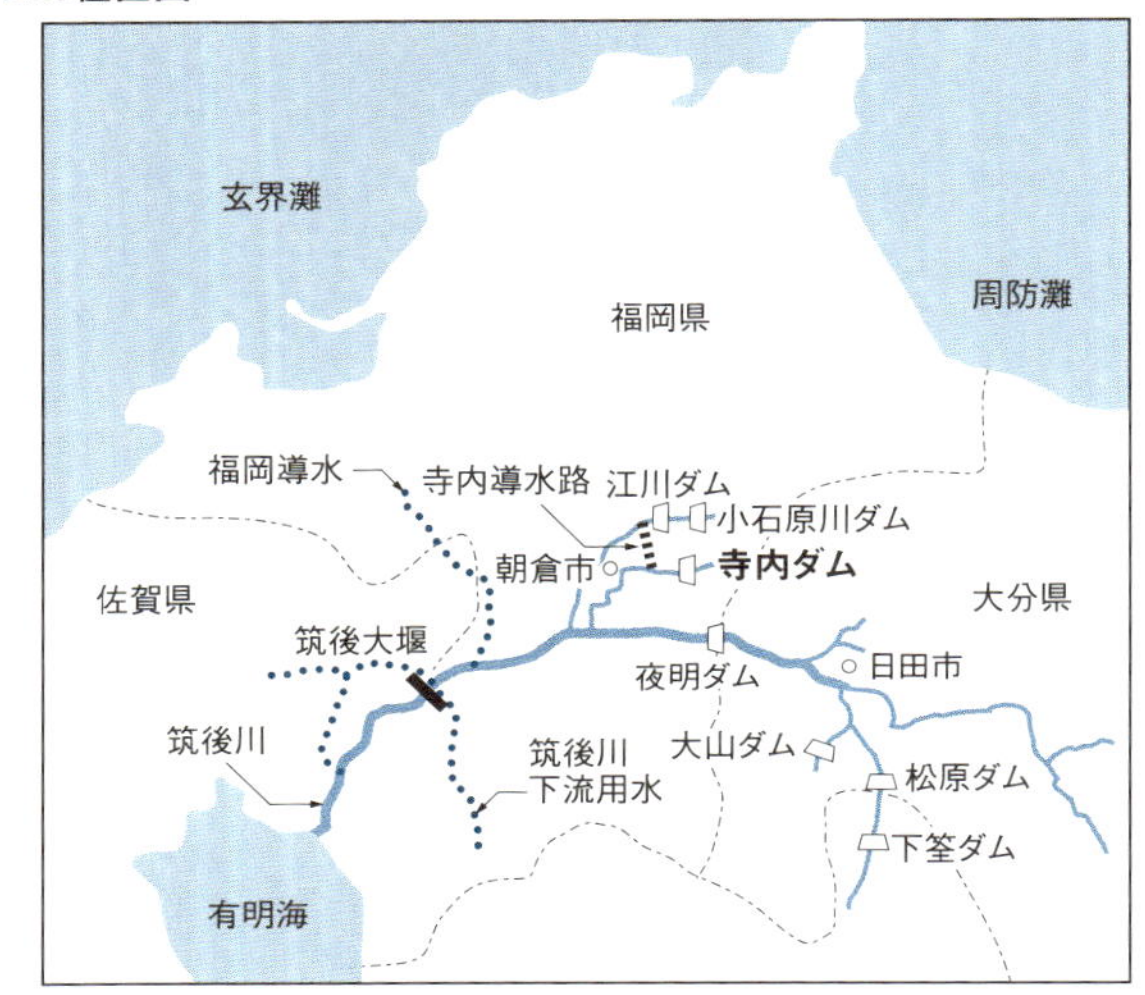
玄界灘
福岡県
周防灘
福岡導水
寺内導水路
江川ダム
小石原川ダム
朝倉市
寺内ダム
佐賀県
大分県
筑後大堰
夜明ダム
日田市
筑後川
大山ダム
筑後川
下流用水
松原ダム
下筌ダム
有明海

（資料：水資源機構[7]）

写真1■ 2017年7月九州北部豪雨後の寺内ダム（写真：アジア航測[8]）

川の支川佐田川上流の朝倉市に位置する寺内ダム（**図3**）の集水域に線状降水帯が停滞。ダムへの最大流入量が計画上設定している値を大きく上回るとともに、貯水位が洪水時の最高水位に迫り、洪水調節容量をほぼ使い切る洪水調節を行いました。

上流側では先に述べた表層崩壊等の被害が発生しましたが、下流側では寺内ダムにより、佐田川の堤防の高さを超える氾濫や破堤が起こるような水位の上昇をくい止めました。また、貯水池では上流の山林の表層崩壊に伴い大量に発生した土砂や流木が捕捉され、ダム下流への流下を防ぎました（**写真1**）。同じ朝倉市に位置し佐田川の北隣を流れる小石原川にも、利水のみを目的とする江川ダムがありますが、このダムも洪水を貯留するとともに、大量の流木を捕捉しました。この周辺地域では筑後川に北岸から合流する支川のほとんどで激甚な災害となっていますが、ダムが建設された佐田川と小石原川では、ダム下流の河川において洪水や土砂、流木による被害がほとんど発生していません。

2018年西日本豪雨での再悪夢

連年の豪雨災害

九州北部豪雨からわずか1年後、同じような悪夢が今度は西日本全域で生じました。2018年6月下旬から7月上旬にかけて、日本付近に停滞した梅雨前線や台風第7号の影響で暖かく湿った空気が連続して流れ込み、総降水量が多いところで1800㎜を超えるなど、西日本を中心に広い範囲で記録的な大雨となりました（**図4**）。この大雨による河川の氾濫、土砂災害等で、死者は263人、行方不明者は8人に及び、家屋の全・半壊は約1万8000棟、浸水家屋は約3万棟に達するなど、平成に入って最悪の水害となりました[10]。この豪雨は総降水量が多かったのが特徴で、24時間、48時間、72時間の降水量について記録を更新した観測所が多数あり、局地的な集中豪雨に伴う中小河川の氾濫や土砂災害の発生のみならず、大河川における堤防の決壊、氾濫も招きました。

　愛媛県西予市では、上流域の大雨で肱川が急激に増水し、野村ダムの洪水貯留能力を超えたことから、急増した流入量をそのまま下流へ流さざるを得なくなり、ダム直下流の西

図4■ 2018年7月西日本豪雨の総降水量（6月28日～7月8日）

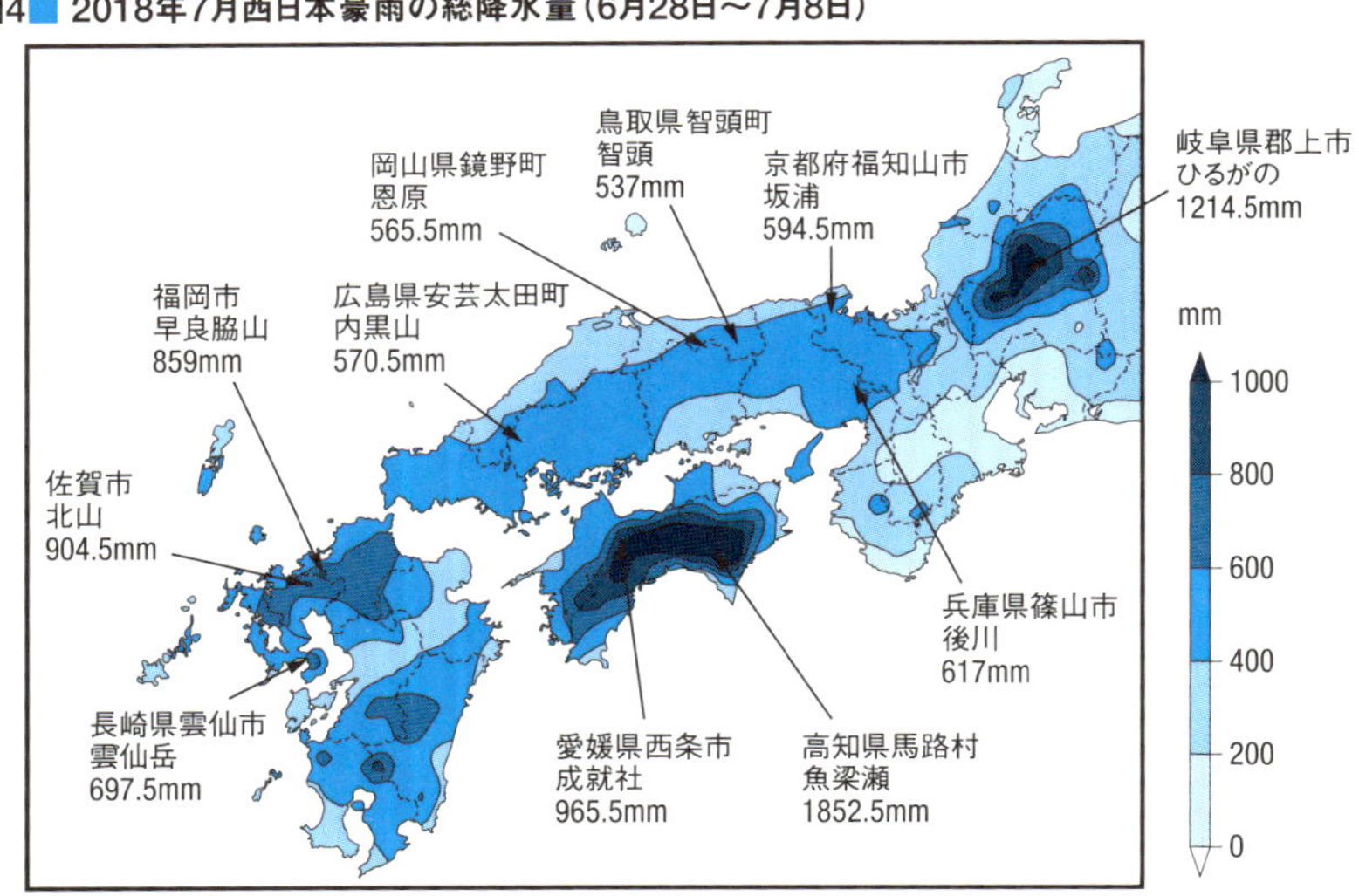
鳥取県智頭町
智頭
537mm
岡山県鏡野町
恩原
565.5mm
京都府福知山市
坂浦
594.5mm
岐阜県郡上市
ひるがの
1214.5mm
福岡市
早良脇山
859mm
広島県安芸太田町
内黒山
570.5mm
mm
1000
800
600
400
200
0
佐賀市
北山
904.5mm
兵庫県篠山市
後川
617mm
長崎県雲仙市
雲仙岳
697.5mm
愛媛県西条市
成就社
965.5mm
高知県馬路村
魚梁瀬
1852.5mm

（資料：気象庁[9]）

予市野村町の沿川市街地が浸水し、避難が間に合いませんでした。また、野村ダムの下流に位置する鹿野川ダムも洪水貯留能力を超えたため、ダム直下流の大洲市肱川町やさらに下流の大洲市街地も浸水しました。

大量に降った雨が風化した花こう岩などから成る山林の表層崩壊を引き起こしたことから、広島県では広島市、呉市、坂町などで土砂災害が発生し大きな被害が出ました（**写真2、口絵写真7**）。愛媛県でも宇和島市で特産のみかん畑の斜面が随所で崩壊するなどの被害が発生しました（**口絵写真8**）。

このように、甚大な水害、土砂災害が相次いだことから、19年3月に内閣府は「避難勧告等に関するガイドライン」を改定[11]。住民が「自らの命は自らが守る」意識を持ち、自らの判断で避難行動を取るようにする方針を示しました。この方針に沿って自治体や気象

写真2■ 西日本豪雨による土砂災害で壊滅的な被害を受けた広島市安佐北区口田南5丁目。土砂や流木が住宅を押し流した。南（上流側）から北（下流側）に向かって2018年7月13日に撮影（写真:日経コンストラクション）

庁等から発表される防災情報を用いて、住民が取るべき行動を直感的に理解しやすくなるよう、5段階の警戒レベルを明記して防災情報が提供されることになりました（**図5**）。自治体から避難勧告（警戒レベル4）や避難準備・高齢者等避難開始（警戒レベル3）等が発令された際には、速やかに避難行動を取るように周知されています。

2019年10月には台風第19号が伊豆半島に上陸。その後、関東地方を横断し、関東・甲信越地方の山間部や東北地方の太平洋沿岸部を中心に記録的な大雨となりました。長野県の千曲川や茨城県の久慈川、福島県の阿武隈川で堤防が決壊するなど、各地で河川の氾濫が相次いだ他、土砂災害も発生。19年10月30日時点で死者・行方不明者は100人に達しました[12]（**口絵写真13**）。

山林崩壊のメカニズム

ここでは豪雨によって山林が崩壊するメカニズムを考えてみましょう。降り始めの時には、雨水は葉や枝に付着して地面にほとんど届きません。これを樹冠遮断といいます

図5 警戒レベルと住民が取るべき行動

警戒レベル	住民が取るべき行動	住民に行動を促す情報
		避難情報等
警戒レベル5	既に災害が発生している状況であり、命を守るための最善の行動を取る	災害発生情報（可能な範囲で発令する）
警戒レベル4	指定緊急避難場所等への立ち退き避難を基本とする避難行動を取る。災害が発生する恐れが極めて高い状況等になっており、緊急に避難する	避難勧告、避難指示（緊急的または重ねて避難を促す場合に発令する）
警戒レベル3	高齢者等は立ち退き避難する。その他の人は立ち退き避難の準備をし、自発的に避難する	避難準備、高齢者等避難開始
警戒レベル2	避難に備え自らの避難行動を確認する	洪水注意報、大雨注意報
警戒レベル1	災害への心構えを高める	警報級の可能性

（内閣府の資料[11]に加筆）

図6 樹林の効果

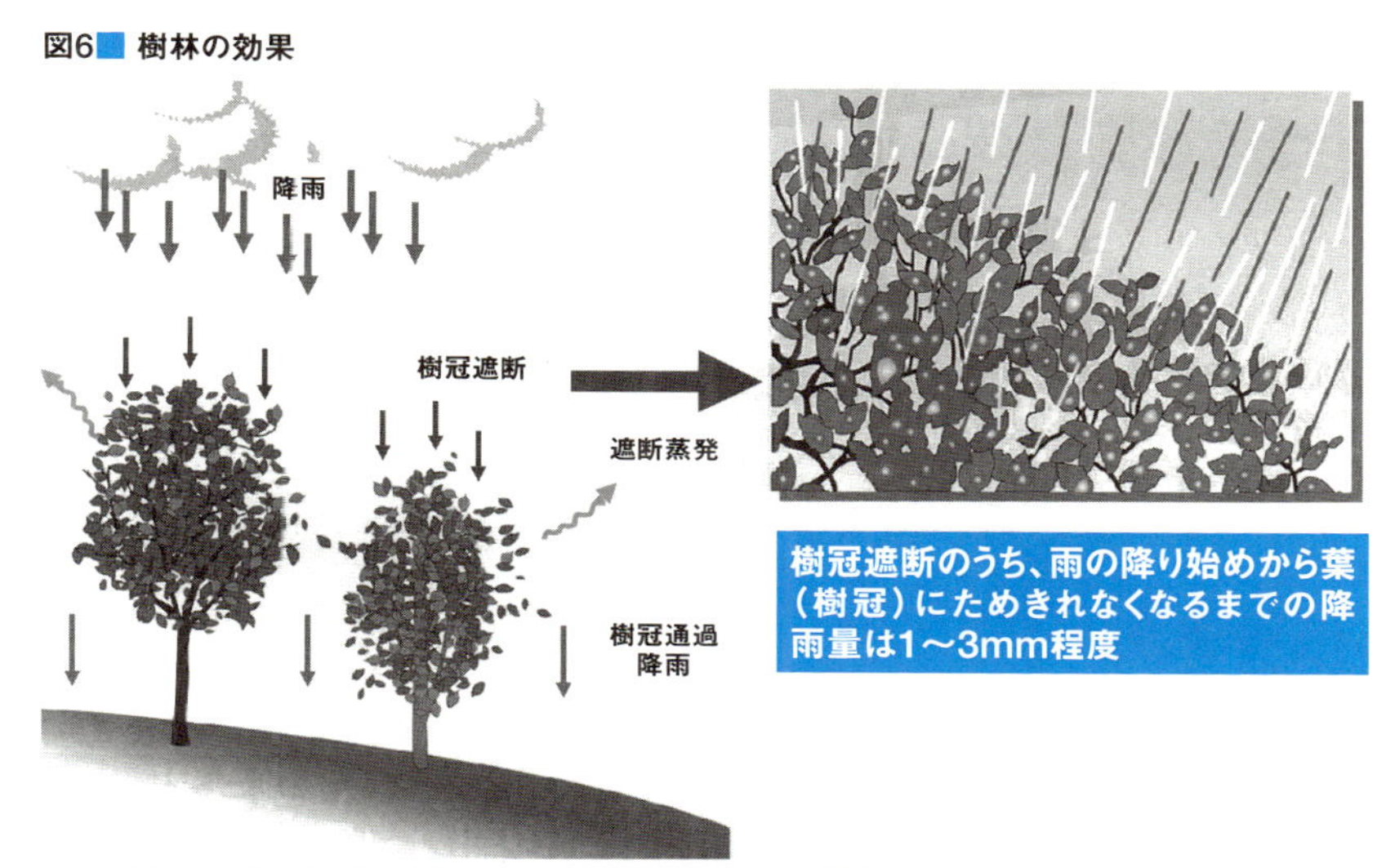
降雨
樹冠遮断
遮断蒸発
樹冠通過
降雨
樹冠遮断のうち、雨の降り始めから葉（樹冠）にためきれなくなるまでの降雨量は1～3mm程度

1～3mm程度の出典は「森林水文学（塚本良則編）」（資料:虫明 功臣[13]）

図7 降雨の初期段階における鉛直浸透効果

土壌
母岩
森林土壌の鉛直浸透能の高さだけで、洪水流出の抑制は可能か？
（日本の森林土壌の浸透能は1時間当たり平均約300mmと高い）
鉛直浸透流
渓流、河川

（資料:虫明 功臣[13]）

（図6）。効果は樹木によって違いますが、1～3㎜程度の降雨量を貯留できるとされています。

雨が降り続くと地面に達して、土壌中に浸透していきます。表層の土壌は腐葉土で雨水が非常に浸み込みやすく、1時間当たりの浸透能は300㎜程度と高い（図7）。従って、降り始めの雨水はほとんど地中に浸透します。もし、腐葉土層が厚ければどんどん雨水は浸み込んで沢や川には流出しません。しかし、現実には腐葉土層はそんなに厚くない。浸透しやすい土壌層の厚さは数センチメートルら数十センチメートルです。

他方、浸透しやすい層の下には、浸み込みにくい土層や岩層があります（図8）。雨が降り続くと、土壌中を鉛直下方に浸透した雨水は浸み込みにくい層に達し、斜面に沿って流れ、土壌のない低い所や沢、渓流に出てきます。この斜面方向の流れを「飽和側方流」といいます（図9）。こうした状況になるのは中小規模の洪水の場合です。

さらに雨が降り続くと、土壌中の側方流の深さが大きくなり、土壌からあふれ出て地表流となって沢や渓流、河川に流出してきます（図10）。この時には母岩に至るまで雨水で飽和状態になっているので、山崩れや土石流、それに伴う流木が発生することになります（図11）。このような状況が治水計画の対象となるような豪雨、大洪水の場合なのです。

こうした豪雨の時は、樹木や表層土壌と深層土壌のほとんど全てが飽和状態になっているので、樹木とそれが作った森林土壌があるから洪水を防げるということにはなりません。むしろ山林が崩壊して、大量の土砂と流木が流出して洪水被害を拡大させます。17年や18年の豪雨災害は、これらのことを実証したといえます。

図8 土壌や基岩の水分保留能力

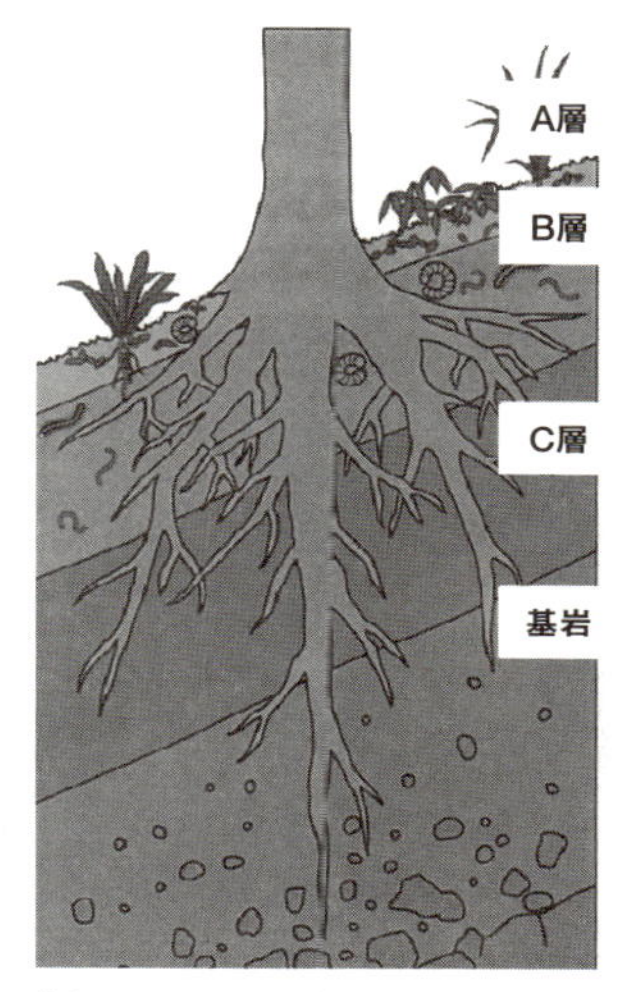
A層
→落ち葉や枯れ枝が敷き詰められた層
B層
→葉や枝が半ば分解された有機物が多く含まれる軟らかい層。多くの根や生物の活動によりたくさんの隙間がある
透水性が高い
C層
→有機物をあまり含まず、少し硬い土の層。生き物はあまりいない。木の体を支えるための層
基岩
→母岩が風化してできた有機物をほとんど含まない層
透水性は上の層より低く、基岩によって決まる
日本の湿潤な気候条件では、地表付近のA・B層より下の土壌中の空隙はほとんど毛管水が占めている。飽和度は90%以上。水分貯留能力は極めて低い

「水と土をはぐくむ森(太田猛彦著)」を参考に作成(資料:虫明 功臣[13])

図9 中小洪水時に生じる飽和側方流

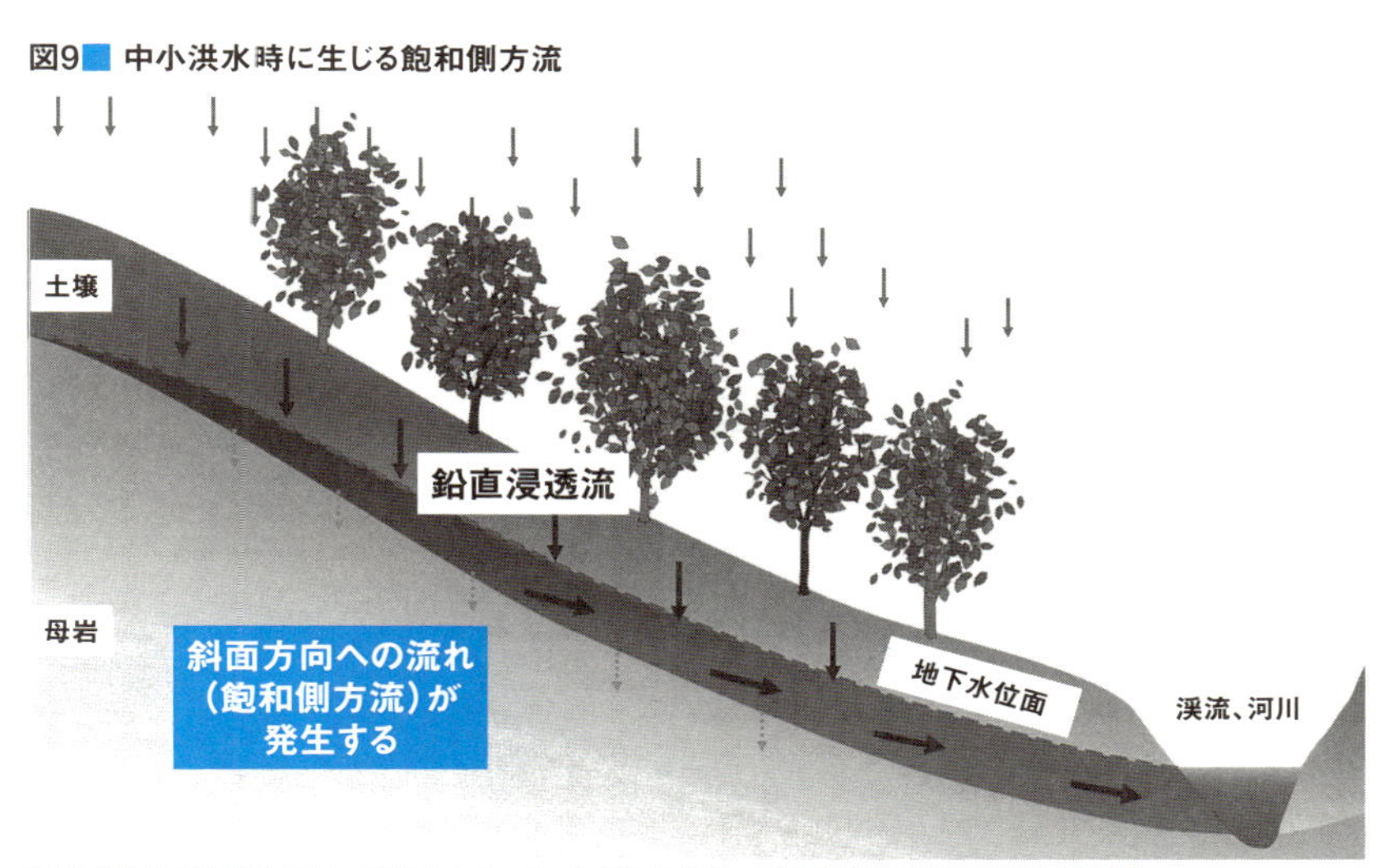
土壌
鉛直浸透流
母岩
斜面方向への流れ(飽和側方流)が発生する
地下水位面
渓流、河川

森林試験地の観測結果として報告されているのは、ほとんどがこの範囲の降雨(資料:虫明 功臣[13])

図10■ 大洪水時に生じる飽和地表流

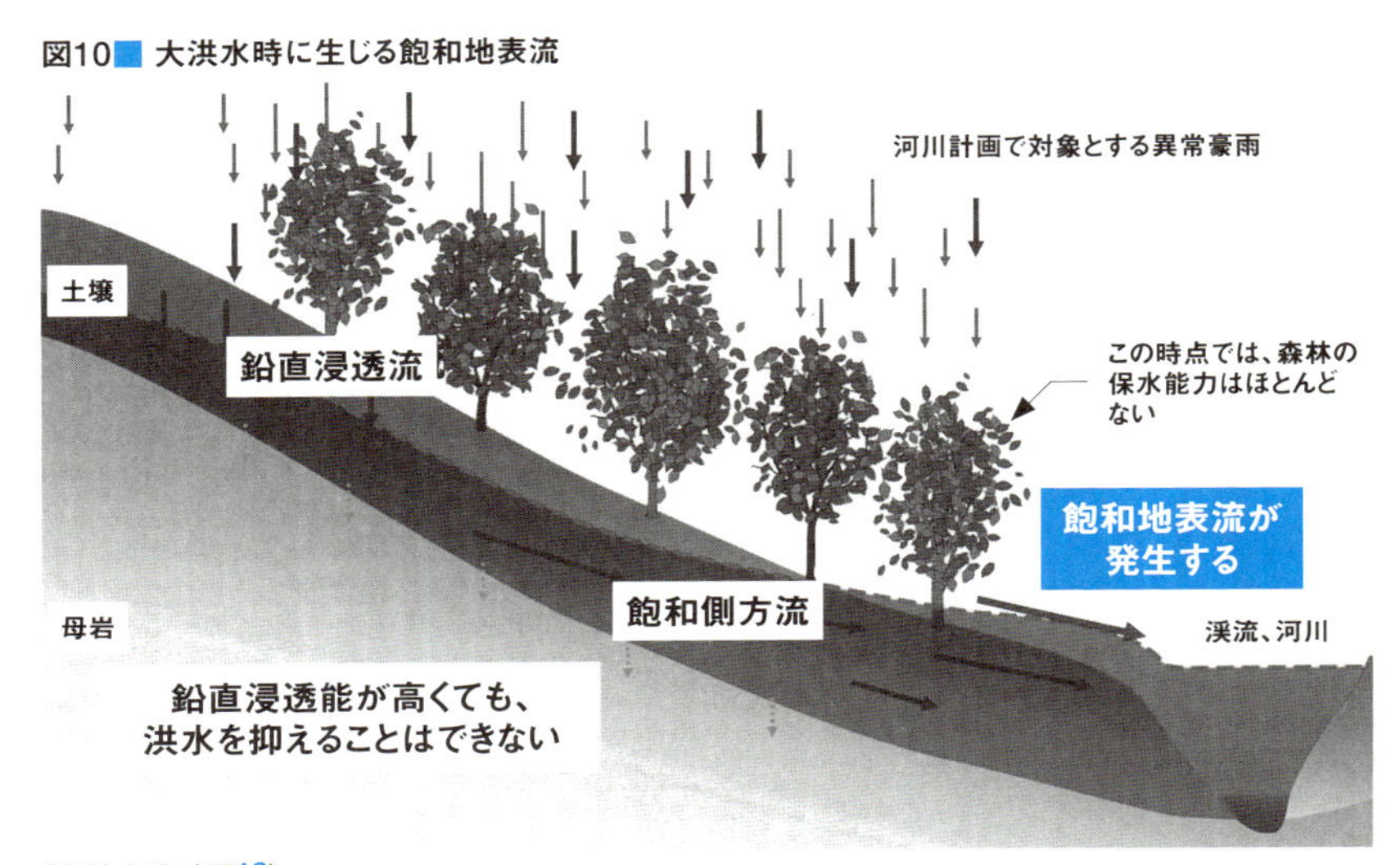
河川計画で対象とする異常豪雨
土壌
鉛直浸透流
この時点では、森林の
保水能力はほとんど
ない
飽和地表流が
発生する
母岩
飽和側方流
渓流、河川
鉛直浸透能が高くても、
洪水を抑えることはできない

(資料:虫明 功臣[13])

図11■ 斜面崩壊・土石流・流木の発生

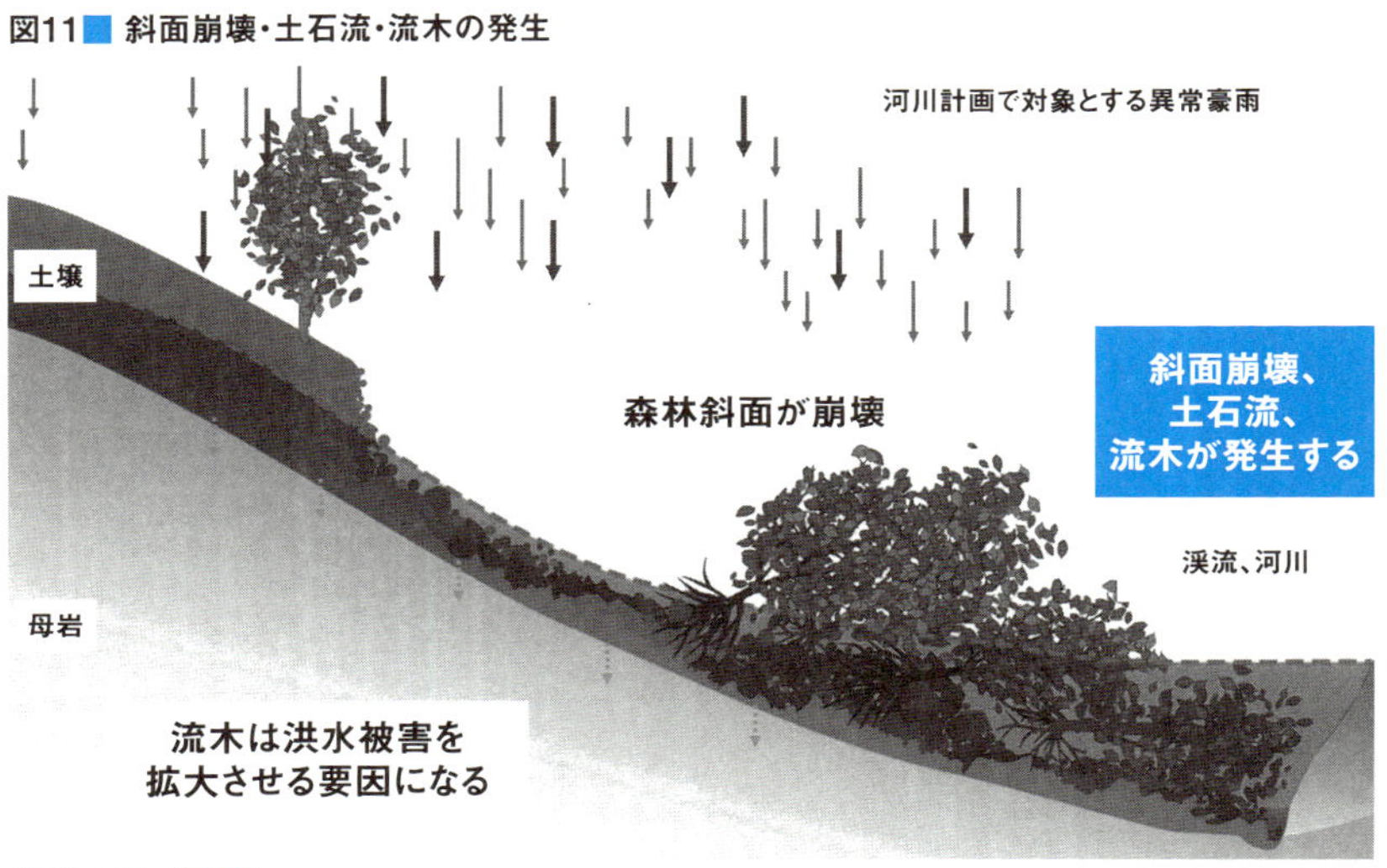
河川計画で対象とする異常豪雨
土壌
森林斜面が崩壊
斜面崩壊、
土石流、
流木が発生する
渓流、河川
母岩
流木は洪水被害を
拡大させる要因になる

(資料:虫明 功臣[13])

近年、特に頻発する土砂・流木災害

森林が豊かな地域でも多発の恐れ

実は、日本では古くから流木による災害が発生していました（**図12**）。１９５７年に長崎県諫早市で起こった諫早大水害では、流木が眼鏡橋を閉塞し川の流れを阻害して氾濫。被害を甚大にしました（**写真3**）。58年に静岡県の伊豆半島に襲来した狩野川台風でも、流木被害が顕著でした（**写真4**）。過去の主な流木災害は、1時間当たりの降水量がおおむね50㎜以上、近年では１００㎜を超える場合も少なくありません（**図12**）。また、1日当たりの降水量を見るとおおむね２００㎜以上で、近年を中心に多い時には４００㎜以上に達しています。

上流域の地形や地質などから一概には言えませんが、このようなまとまった集中豪雨は立木の根系が及ぶ範囲より深い部分で表層崩壊が発生する可能性を増大させることから、森林が豊かな地域でも、土砂災害や流木災害が多発しやすくなると考えられます。近年の気候変動に伴う集中豪雨の増加が、土砂災害や流木災害の増加につながっているのです（**口絵写真9、10**）。

一方、上流域で発生した大量の流木をダムが捕捉し、下流域における流木災害を防ぐケースも目立ってきました。82年8月の台風第10号に伴う豪雨によって発生した流木を捉えた美和ダム（天竜川の支川三峰(みぶ)川）（**写真5**）や２０００年の矢作(やはぎ)ダム（矢作川の上流）（**口絵写真16**）、13年の日吉(ひよし)ダム（淀川の支川桂川）（**写真6**）、17年九州北部豪雨時の寺内ダム（**口絵写真15**）などです。

図12 主な流木災害と降水量

発生年月	災害名	主な発生地域	降水量(mm)				
			観測所(気象庁)	観測月日	10分間	1時間	1日
1953年6月	西日本水害	九州地方	阿蘇山(熊本県)	6月26日	12	63	432.3
1957年7月	諫早水害	長崎県諫早市	雲仙岳(長崎県)	7月25日	24	80.2	465.2
1958年9月	狩野川台風	静岡県 伊豆半島	網代(熱海市)	9月26日	—	64.6	215.1
1982年7月	長崎水害	長崎市	長崎	7月23日	25.5	127.5	448
1982年8月	台風第10号	長野県 天竜川地域	入笠山(伊那市)	8月1日	—	42	246
1983年7月	島根豪雨災害	島根県浜田市	浜田	7月23日	20	91	331.5
1993年6月	九州北部 風倒木被害後 2次災害	筑後川流域	南小国(熊本県)	6月18日	—	40	206
1998年8月	那須豪雨	栃木県北部、 福島県南部	那須高原 (栃木県)	8月27日	—	90	607
1999年6月	広島豪雨災害	広島市周辺	呉(広島県)	6月29日	15	73.5	186
2000年9月	恵南(東海) 豪雨災害	矢作川流域	稲武(愛知県)	9月12日	—	70	245
2003年8月	台風第10号	北海道 沙流川流域	旭(平取町)	8月9日	—	75	358
2004年9月	台風第21号	紀伊半島	尾鷲(三重県)	9月29日	31.5	133.5	740.5
2005年7月	梅雨前線豪雨	筑後川上流域	南小国(熊本県)	7月10日	—	98	306
2005年9月	台風第14号	宮崎県内	諸塚(宮崎県)	9月5日	—	51	468
2011年9月	紀伊半島豪雨	和歌山県 那智勝浦町	新宮(和歌山県)	9月4日	27.5	132.5	418.5
2012年7月	九州北部豪雨	熊本県 阿蘇地方	阿蘇乙姫 (熊本県)	7月12日	25.5	108	493
2013年9月	台風第18号	京都府北部	京北(京都市)	9月16日	8.5	38	185
2013年10月	台風第26号	東京都 伊豆大島	大島	10月16日	25.5	122.5	525.5
2014年8月	広島豪雨災害	広島市	三入(広島市)	8月20日	22	101	224
2015年8月	関東・東北豪雨	栃木県 鬼怒川流域	五十里(日光市)	9月10日	19	62	265
2016年8月	台風第10号	岩手県岩泉町	岩泉	8月30日	13.5	70.5	194.5
2017年7月	九州北部豪雨	福岡県朝倉市	朝倉	7月5日	28.5	129.5	516
2018年7月	平成30年7月 豪雨	西日本各地	呉(広島市)	7月6日	14	51.5	190.5
2019年10月	台風第19号	関東甲信地方 東北地方	丸森(宮城県)	10月12日	13	60	388.5

気象庁のデータを基に作成[14]

写真3■ 1957年諫早大水害(写真:長崎県諫早市)

写真5■ 1982年8月台風第10号に伴う豪雨により発生した流木を捕捉した美和ダム(写真:長野県伊那市[16])

写真4■ 1958年狩野川台風後の千歳橋(狩野川)(写真:国土交通省沼津河川国道事務所[15])

写真6■ 2013年台風第18号に伴い日吉ダムが捕捉した流木(写真:水資源機構[17])

全て砂防堰堤での対策は現実的でない

このような土砂災害、流木災害にはどう対処すればよいのでしょうか。

集中豪雨の発生の時間帯や場所、強さなどが分かれば、住民は安全な場所に避難できます。しかし、今の気象予測技術では線状降水帯の発生や動きを事前に把握することは困難です。17年九州北部豪雨の際に線状降水帯の停滞により発生した記録的な集中豪雨は、降り始めから短時間で発生しており、山腹の表層崩壊をはじめとする一連の現象は一気に進行しました。このような状況下で、正確な情報の提供は困難を極めます。

では、集中豪雨が発生したとしても山腹における表層崩壊を防ぐ方策はないのでしょうか。日本の地形や地質の状況からすると、いかなる森林管理を行ったとしても異常な大雨で飽和状態になった表層地盤の崩壊を避けることは困難です。

また、表層崩壊に伴って流れ出た土砂や流木を受け止め、下流へ流出しないようにする方策はどうでしょうか。現在、流木や大型の土石を受け止めることができる、大きな切り欠きを設けた透過型の砂防堰堤等の整備が、危険箇所を中心に重点的に進められています（口絵写真14）。しかしながら、これらの整備には、莫大な費用が必要ですし、用地の買収や工事の実施に一定の時間を要します。さらに砂防堰堤にたまった土石や流木の除去など、機能維持のための適切な施設管理も必要となります。狭い平地に人口や資産が集中している日本では、土砂災害の恐れのある山地と平地の境において、居住や生産の活動が行われているのが通常で、それらの地域の全てに砂防堰堤等の整備により山地災害や土砂災害の予防対策を行うことは現実的ではありません。

地球規模の気候変動により気象が極端になっており、17年九州北部豪雨と同様の現象は、全国的にいつどこで発生してもおかしくありません。残念なことに、翌年の18年7月には西日本豪雨が発生し、各地で激甚な水害、土砂災害が多発しました。このように集中豪雨が激化する時代において、ダムや砂防堰堤の施設整備と上流域の森林管理などの対策は待ったなしの状況です。

参考文献

1 消防庁応急対策室：平成29年6月30日からの梅雨前線に伴う大雨及び台風第3号の被害状況及び消防機関等の対応状況について（第77報）、2018・10

2 内閣府HP：内閣府ホーム→内閣府の政策→防災情報のページ→風水害対策→平成29年7月九州北部豪雨災害を踏まえた避難に関する検討会　資料3、2017・10

3 朝倉市・一般社団法人九州地域づくり協会：平成29年九州北部豪雨　朝倉市災害記録誌、2019・3

4 福岡管区気象台：災害時気象資料―平成29年7月5日から6日にかけての福岡県・大分県の大雨について（速報）―、2017・7

5 林野庁：「流木災害等に対する治山対策検討チーム」中間取りまとめ参考資料、2017・11

6 筑後川右岸流域河川・砂防復旧技術検討委員会：筑後川右岸流域河川・砂防復旧技術検討委員会報告書、2017・11

7 (独)水資源機構朝倉総合事業所寺内ダム管理所HP→トップページ→事業→寺内ダムのあゆみ→位置図拡大

8 アジア航測(株)HP:災害関連情報→平成29年7月九州北部豪雨災害、寺内ダム、7月8日撮影

9 気象庁:平成30年(2018年)全国災害時気象概況、2019・3

10 消防庁応急対策室:平成30年7月豪雨及び台風第12号による被害状況及び消防機関等の対応状況(第60報)、2019・8

11 内閣府:避難勧告等に関するガイドライン①(避難行動・情報伝達編)、2019・3

12 消防庁災害対策本部:令和元年台風第19号及び前線による大雨による被害及び消防機関等の対応状況(第37報)、2019・10

13 (一財)日本ダム協会HP:ホーム→ダム便覧→テーマページ→ダムインタビュー(27)虫明功臣先生に聞く「八ッ場ダムは利根川の治水・利水上必要不可欠」

14 気象庁HP:ホーム→各種データ・資料→過去の気象データ検索

15 狩野川台風の記憶をつなぐ会(事務局 国土交通省沼津河川国道事務所):狩野川台風から60年~記憶を次世代につなぎ「強く」「しなやかな」地域を創出~、2019・2

16 長野県伊那市HP:たき火通信 其の九十八 ダムの機能、2018・10

17 (独)水資源機構関西・吉野川支社資料:平成25年台風18号時の日吉ダムの操作について、2016・9

第2章

森林における治水・利水機能とその限界

高橋 定雄

DAM
AND
FOREST

緑のダムの限界

古くから「治山・治水」という言葉があります。山林を健全にして、水を治めるということです。江戸時代に岡山藩に仕えた儒学者の熊沢蕃山が、山林の伐採禁止の法令を定めて「治山・治水」を唱えた元祖だといわれています。その後、この考え方が全国に普及。「山を治めれば水も治まる」というように解釈されたことが、明治以降の林野行政において森林の水源涵養機能や洪水流出抑制機能という概念につながっていきました。

しかしながら、熊沢蕃山の唱えた「治山・治水」は、水の量を調整し、流量を安定させるという意味ではありませんでした。岡山藩周辺の山地は、花こう岩の風化した真砂地帯であり、森林を伐採すると植生が回復しにくいという特徴を持っています。森林を伐採すると、雨によって土砂の流出が激しくなり、下流河川の河床が上昇して洪水氾濫を引き起こしたり、土砂の堆積により取水を困難にしたりするという災いを発生させます。つまり、伐採禁止令は真砂地帯の土砂流出防止のためであって、森林による水源涵養機能や洪水流出抑制機能の保全のためではなかったのです。

森林の水源涵養機能については、1934年に岡山県の林業技士の山本徳三郎氏と農林水産省林業試験場の平田徳太郎氏との間で有名な論争がありました。岡山県では、花こう岩の風化した真砂のはげ山の土砂流出抑制対策として大正年代から赤松の植林を進めてきました。ところが成長に伴って、ため池に水がたまらなくなるという事態が発生したのです。山本氏は、この原因は植林にあるとし、森林の水源涵養機能のない赤松は伐採すべきだと主張しました。一方、平田氏はその説を否定しました。当時は、確かなデータがなかったこともあり、その論争は決着しませんでした。それから40年近くたって、農水省林業試験場の中野秀章博士が、全国の森林理水試験地で蓄積された観測データを分析し、森林を伐採した方が、雨が降らない時期の流量が増えるという「山本説」を裏付ける結果を得たことにより、この論争に1つの区切りを付けました。

その後、1992年に文永堂から出版された「森林水文学」（塚本良則編、太田猛彦・鈴木雅一著）では、測定データと理論解析によって森林は水を消失させるので、森林のある流域は森林のない流域よりも渇水期の流量は小さくなるということを科学的に結論付けています。

以下に、塚本氏・太田氏・鈴木氏の研究等を基に、森林の持つ洪水緩和機能と水資源貯留機能の限界について詳述します。

大洪水ではピーク流量の低減を期待できず

森林にはかなり大きな保水能力があります。そのため、洪水緩和機能を相当程度有しているのではないかと考えることは当然です。多くの人が森林を緑のダムと思う理由ではないでしょうか。しかしながら、その考え方は、**図1**を見れば少し変わるはずです。

群馬県にある相俣ダム流域における過去の洪水観測結果です。横軸は一連の降雨による雨量、縦軸は河川への流出量（流出量を雨量に換算）を表しています。雨量が90㎜より小さい洪水では、河川への流出量は降った雨の25％程度なっています。確かに、降雨は土壌中に浸透していると考えられ、森林に洪水緩和機能があると評価できます。しかし、降雨量が90㎜より大きくなると降雨量と流出量はほぼ等しくなっています。つまり、降り始めから90㎜程度で森林土壌が飽和し、それ以上になると水をためられなくなることを示しています。

森林は、中小洪水に対しては洪水緩和機能があっても、治水上問題となるような大洪水では、降雨を浸透する能力がほとんどなくなり、洪水のピーク流量を大きく低減できなくなると考えられています。森林整備によって治水上の問題を抜本的に解決することは困難と言わざるを得ません。

なお、森林がこのような降雨の流出特性を示す浸透過程のメカニズムについては、本章の「森林施業による治水・利水対策の限界」

図1 河川流域における降雨量と流出量の関係

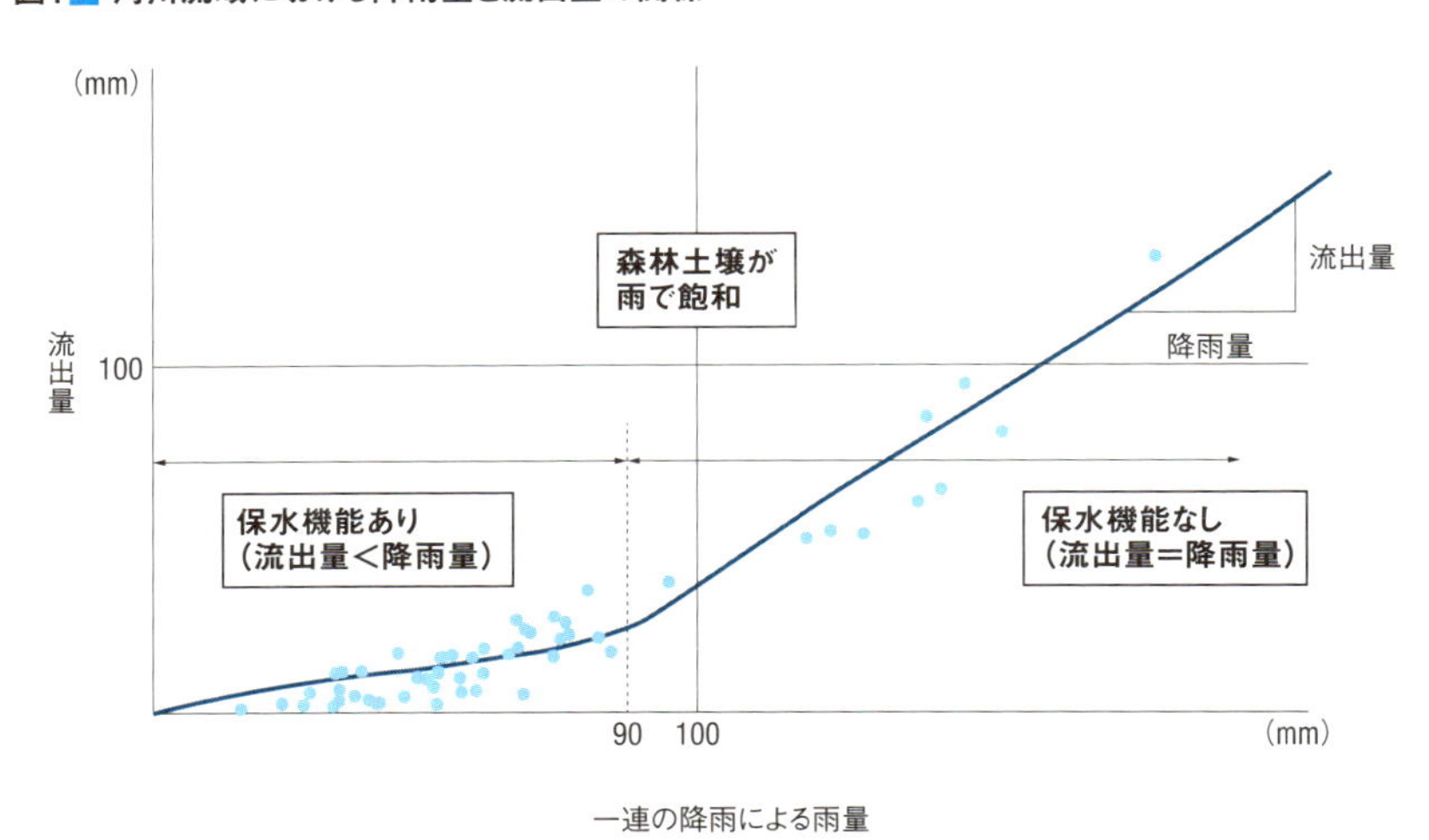
(mm)
流出量
100
森林土壌が
雨で飽和
流出量
降雨量
保水機能あり
(流出量<降雨量)
保水機能なし
(流出量=降雨量)
90
100
(mm)
一連の降雨による雨量

相保ダムでの観測データ（資料:「日本列島の山林地流域における降雨の流出現象に関する総合的研究」、岡本芳美）

で詳述します（53ページ参照）。

渇水時には貯水ダムの代わりにならず

次に森林の水資源貯留機能について説明します。水源涵養林という言葉があるくらいで、森林により川の水量は豊かに維持されていると思う人が多いかもしれません。

図2は、森林流域からの年間の流出量を時系列的に並べたグラフです。森林を伐採すると流出量が増え、森林が成長するに従って、流出量が減少していく状況が分かります。森林の成長は河川への流出量をむしろ減らしているのです。このことについて少し角度を変えて見てみましょう。

図3は森林が成長した時と伐採した時の河川への流出量の比較です。河川の水量が比較的多い時期（豊水流量時）は、森林が成長している方が河川への流出量が多くなっていま

図2■ 森林の伐採状況と年流出量の変化

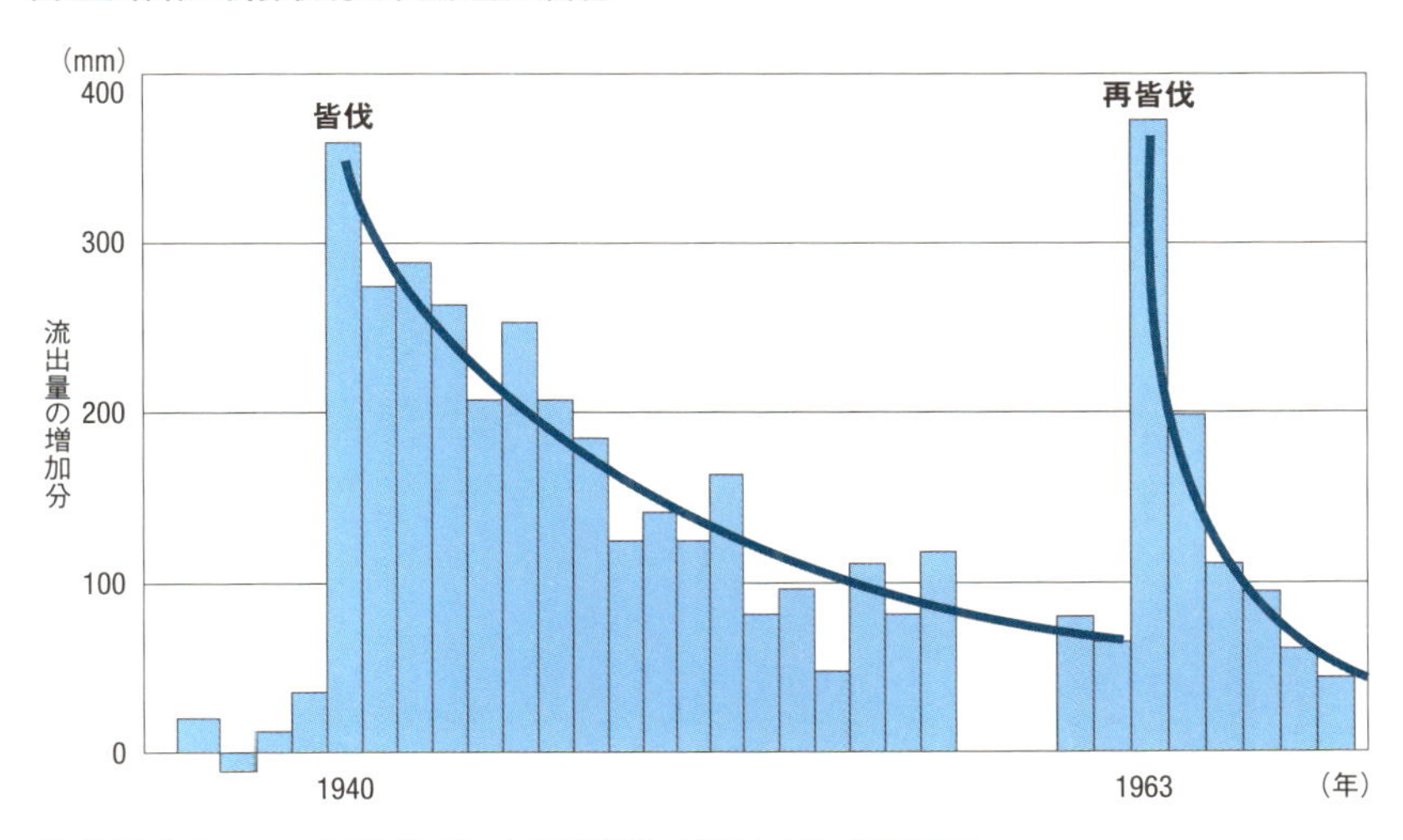
(mm)
400
300
200
100
0
流出量の増加分
皆伐
再皆伐
1940
1963
(年)

（資料：「水管理のための森林施業序論、水利科学NO158」（塚本良則、太田猛彦））

す。一方、我々が最も水を必要とする渇水時には、森林が成長している方が流出量は小さくなっていることが分かります。渇水時の森林は、河川の水量を豊かに維持する効用がないことを示しているのです。むしろ、河川の水量を維持するという意味ではマイナスに作用しています。

ちょっと意外な結果かも知れませんが、よく考えれば当然のことなのです。森林は人のために保水しているわけではありません。渇水時のように雨の少ない時期は、森林が自らのために水を使うのです。つまり、この時期は森林からの蒸発散量が大きくなってしまい、川への流出量を減じてしまうということなのです。森林は確かに水を保水しますが、同時に水の消費者であることを認識しなければなりません。森林は、保水や土砂のせき止め等の大変重要な機能を持っているのは事実

図3■ 森林の生長に伴う流出量の変化

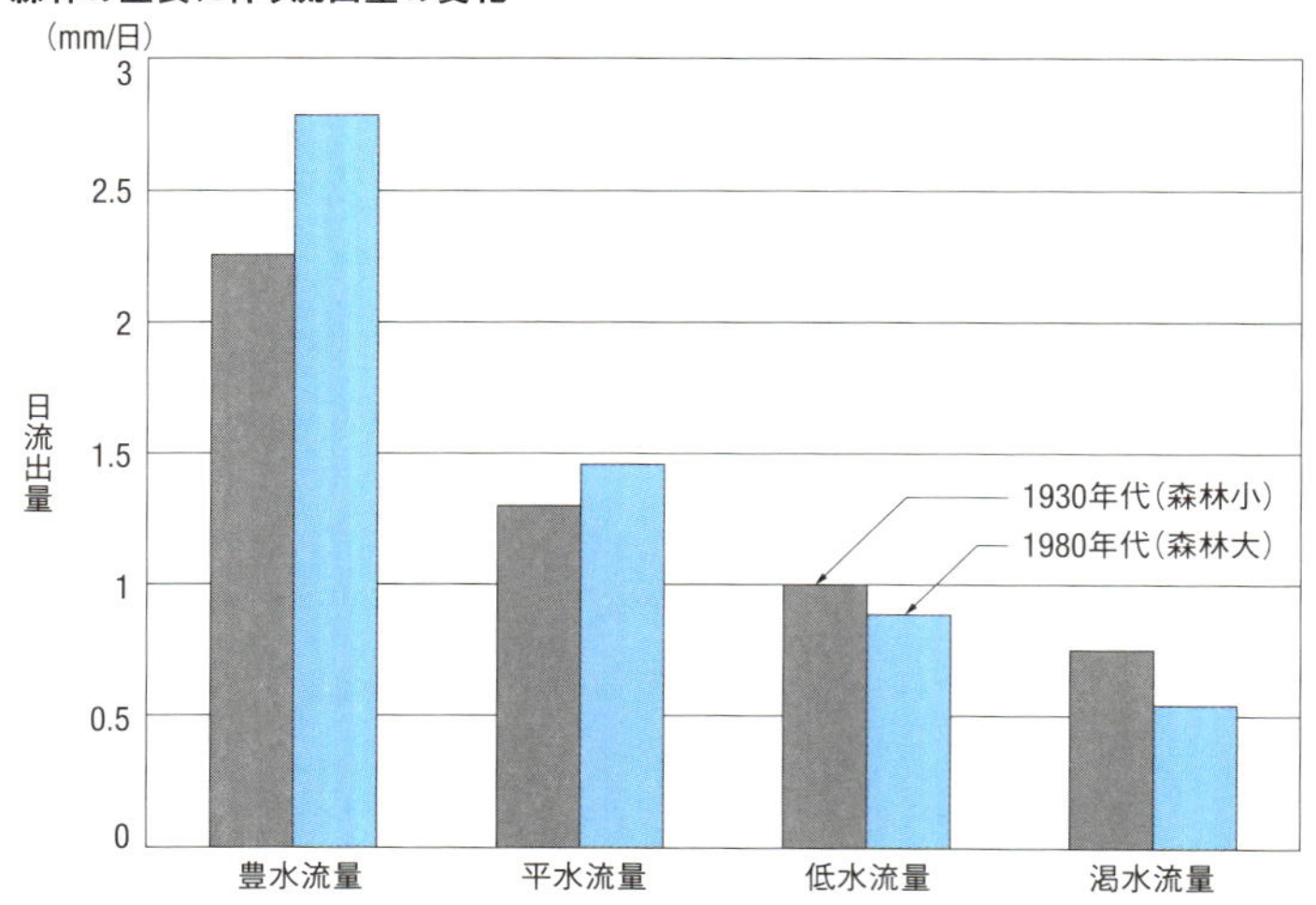

(mm/日)
3
2.5
2
1.5
1
0.5
0
日流出量
1930年代(森林小)
1980年代(森林大)
豊水流量
平水流量
低水流量
渇水流量

森林面積は1930年代から1980年代にかけて増大。1930年代の年平均降雨量は1790mm、1980年代は1860mm。東京大学愛知演習林白坂流域のデータを基に作成

ですが、渇水時には水を補給する貯水ダムの代わりにはならないことをこれらの図は示しています。

秋田県を流れる雄物川流域は、冷害も干ばつもない米作りにとって大変恵まれた地域です。「岩手県側でしばしば冷害をもたらせている北東から吹き寄せる冷たい気流（やませ）を奥羽山脈で防ぎ、冬の降雪（雪のダム）で十分な灌漑（かんがい）用水を賄うという天与の土地であればこそ」と言われれば、その言葉に納得してしまうかもしれません。しかし、雄物川流域には、灌漑面積が2ヘクタール以上のため池が776基も存在します（**図4**、小さなものを入れれば総数1179基）。しかも、江戸時代には既に116基ものため池が造られています（**図5**）。緑のダムだけでよいのであれば、奥羽山脈や出羽山地には広大な森林があるわけでため池は不要だったはずです。今日

図4　雄物川流域のため池の分布図

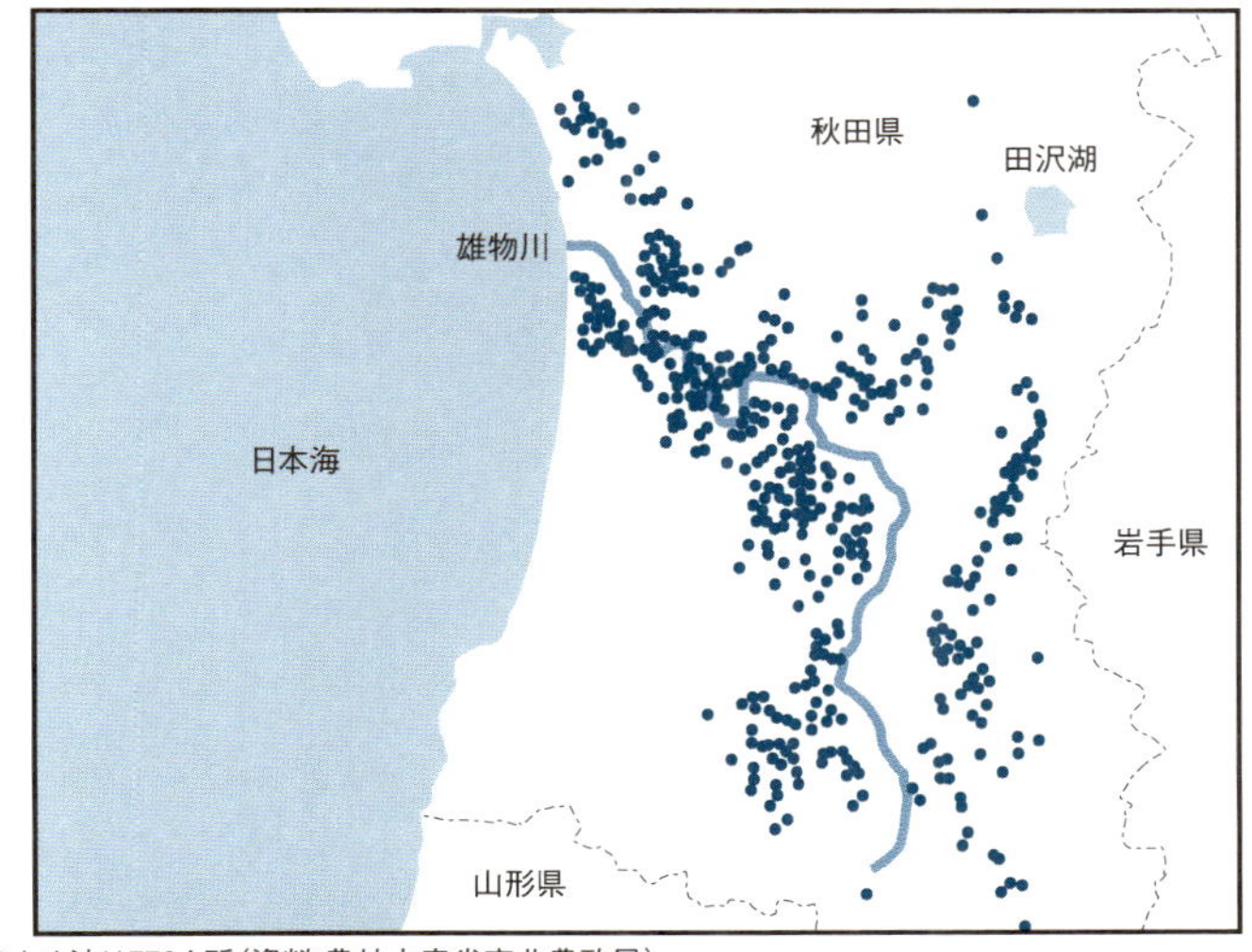
秋田県
田沢湖
雄物川
日本海
岩手県
山形県

2ha以上のため池は776カ所（資料：農林水産省東北農政局）

の横手盆地の米の生産量は、ため池などを営々と造ってきた努力のかいがあって、可能になったものです。

日本学術会議の見解

日本学術会議は2011年11月、農林水産大臣からの諮問「地球環境・人間生活にかかわる農業及び森林の多面的な機能の評価について」に対する答申において、森林の多面的な機能について評価を行いました。その中で、森林の洪水緩和機能や水資源貯留機能の限界について次のように指摘しています。

・無降雨日が長く続くと、地域や年降水量にもよるが、河川流量はかえって減少する場合がある。このようなことが起こるのは、森林の樹冠部の蒸発散作用により、森林自身がかなりの水を消費するからである。

図5■ 雄物川流域のため池の年代別建造数

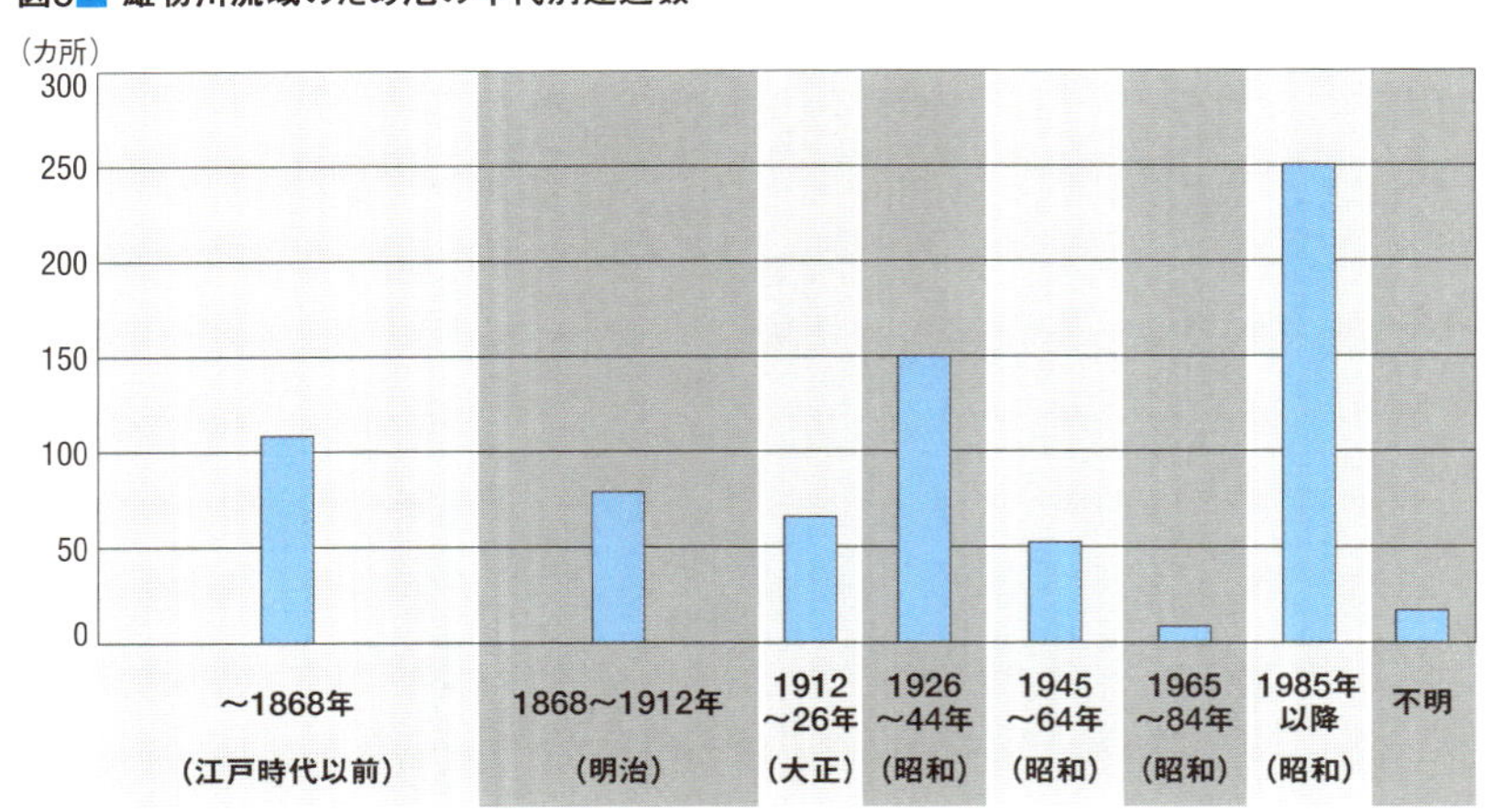
（カ所）
300
250
200
150
100
50
0
〜1868年
（江戸時代以前）
1868〜1912年
（明治）
1912
〜26年
（大正）
1926
〜44年
（昭和）
1945
〜64年
（昭和）
1965
〜84年
（昭和）
1985年
以降
（昭和）
不明
築造年代

総数1179カ所のうち、受益面積2ha以上の776カ所の年代別内訳。776カ所の有効貯水量は4118万m^3
（資料:農林水産省東北農政局）

・治水上問題となる大雨のときには、洪水のピークを迎える以前に流域は流出に関して飽和状態となり、降った雨のほとんどが河川に流出するような状況となる。つまり、降雨量が大きくなると、流出を低減する効果は大きく期待できない。このように、森林は中小洪水においては洪水緩和機能を発揮するが、大洪水においては顕著な効果を期待できない。
・あくまで森林の存在を前提にした上で治水・利水計画は策定されており、森林とダムの両方の機能が相まってはじめて目標とする治水・利水安全度が確保されることになる。

世界的にも同様の評価を下しています。17年に国連教育科学文化機関（ユネスコ）が発行した「森林管理と水資源への影響」に関する13カ国での知見を取りまとめた報告書において、「浅い根の植生を森林に置き換えれば、一般に（下流河川の）流量を減らす。一方水質は改善するかもしれない」とあります。そして、「森林と水の間のコンフリクト（争い）は世界的に増大しつつある」との見解も示しています。このように、森林は一般的に水資源貯留機能の面ではマイナスの効果をもたらすとの認識です。

森林施業による治水・利水対策の限界

日本は国土面積の3分の2を森林が占めています（**図6**）。現代は歴史上、森林が最も良好に保持されている時期といわれており、これ以上森林面積を増大させる余地はほとんどありません。特に、大河川の上流域は、一部のはげ山を除けば森林で埋め尽くされています。例えば、山梨県・

東京都・神奈川県を流れる多摩川の上流域で新たに森林面積を増やすことができるかどうかを考えれば明白です。造林という観点から見た場合にも、新たな緑のダムが現実的な治水・利水対策にはなり得ません。

次に、既存の森林に手を加えて、治水・利水機能を増大するという方法はどうでしょうか。このことについては、北海道大学教授の中村太士氏が「森林の公益的機能の限界と可能性」(土木学会誌 Vol187. September 2002)の論文で指摘しているので、その一部を紹介します。

「緑のダム論等の森林の公益的機能論は、森林がなくなった場合に発生するマイナス効果を論拠に、森林の重要性を述べているにすぎず、施業技術による機能向上を議論できる段階にない。森林がダム施設と同様な機能を発揮し、森林を管理すれば水問題は解消できる

図6■ 日本の土地利用の変遷(森林の変遷)

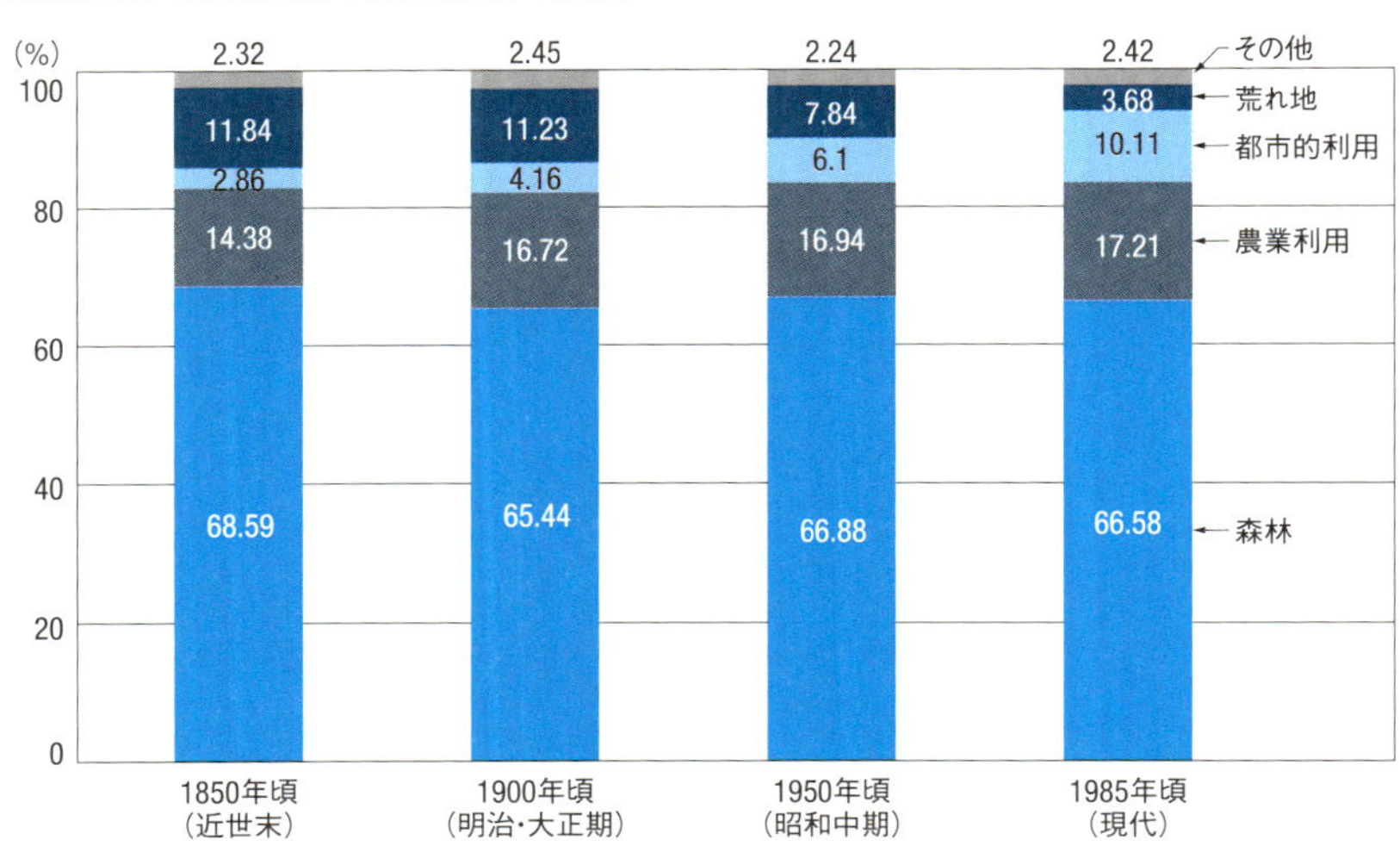
(%)
100
80
60
40
20
0
2.32
11.84
2.86
14.38
68.59
2.45
11.23
4.16
16.72
65.44
2.24
7.84
6.1
16.94
66.88
2.42
3.68
10.11
17.21
66.58
その他
荒れ地
都市的利用
農業利用
森林
1850年頃
(近世末)
1900年頃
(明治・大正期)
1950年頃
(昭和中期)
1985年頃
(現代)

(資料:アトラス「日本列島の環境変化」)

などと考えるのは科学的根拠のない暴論である」

森林施業により、森林の治水・利水機能を増やしたり減じたりするような管理はできないということです。

また、森林流域の保水能力は森林そのものが持っているのではなく、森林が長い年月をかけて作ってきた森林土壌にあるということも、重要なポイントです。

森林土壌は、Ａ、Ｂ、Ｃの３層で構成されています（**図７**）。Ａ、Ｂ層は長い年月をかけて作られ、林相（森林の様子や形態）によって層厚や空隙等に大きな違いはないといわれています。Ｃ層は基岩の風化といった現象によってできた土層であり、地質により層厚等は大きく異なります（**図８**）。

洪水時における、森林流域の保水機能（洪水緩和機能）は、Ａ、Ｂ、Ｃ層に雨水を一時

図7 山腹斜面の土壌層構造と基盤岩表層部の構造

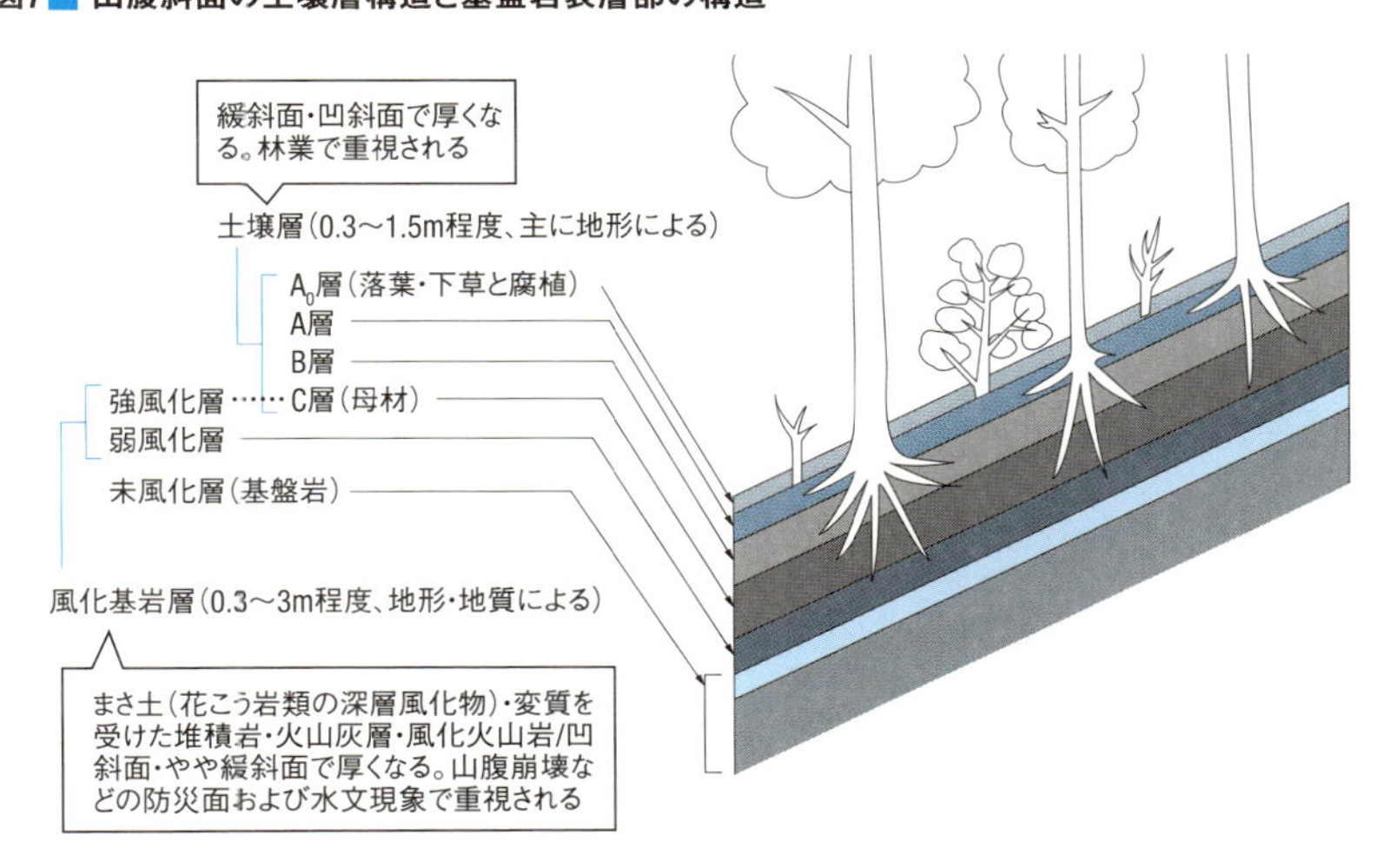

緩斜面・凹斜面で厚くなる。林業で重視される
土壌層（0.3～1.5m程度、主に地形による）
A0層（落葉・下草と腐植）
A層
B層
強風化層……C層（母材）
弱風化層
未風化層（基盤岩）
風化基岩層（0.3～3m程度、地形・地質による）
まさ土（花こう岩類の深層風化物）・変質を受けた堆積岩・火山灰層・風化火山岩/凹斜面・やや緩斜面で厚くなる。山腹崩壊などの防災面および水文現象で重視される

（資料：治山林道広報2017Vol31、「流木災害」と森林管理、太田猛彦）

図8 地層の空隙度

落葉層			柔らかい、乗ると足が沈む
土層	A層		10〜20cmの厚さ、有機質土、多孔質
	B層		30cm程度の厚さ、粘土、上下を貫く根が腐ってできた孔隙により多孔質化
	C層		数十センチメートル〜数メートルの厚さ、上部:ローム、中部:れき混じりローム、下部:ローム混じりれき、全体的に見ると砂層と同じ状態
基盤岩層	D層	上層 透過層	大起伏山地は数百〜千メートルの厚さ、節理の解放度100のオーダー
		中層	節理の解放度10のオーダー
		下層	節理の解放度1のオーダー
		深層 不浸透層	節理の解放度0のオーダー 空隙等

(資料:亀田ブックサービス「緑のダム、人工ダム」、岡本芳美)

図9 利根川流域の飽和雨量

[神流川流域:第四紀火山岩地帯占有率0%]

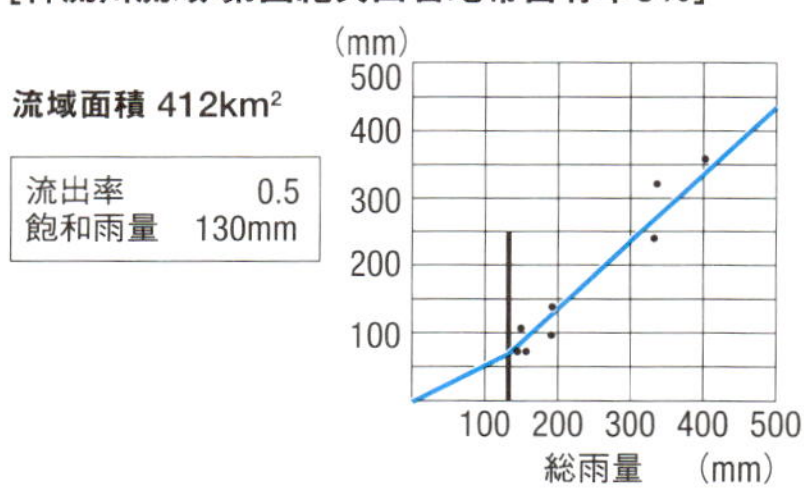

流域面積 412km²
流出率 0.5
飽和雨量 130mm
(mm)
500
400
300
200
100
100 200 300 400 500
総雨量 (mm)

[奥利根流域:第四紀火山岩地帯占有率24.7%]

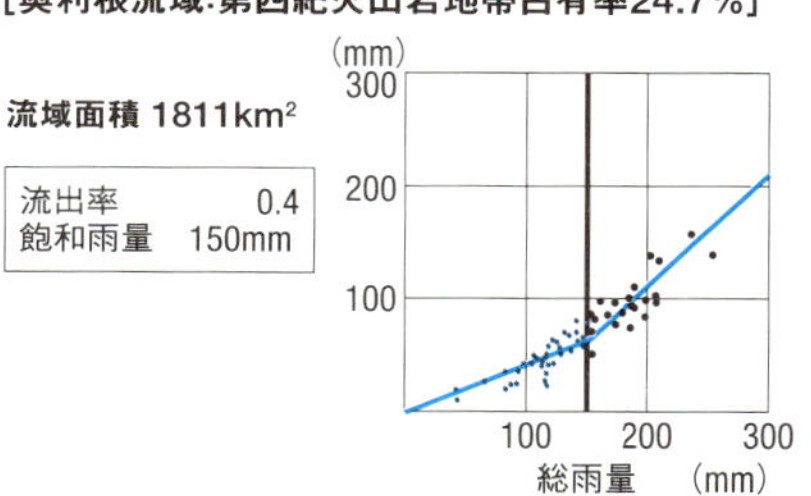

流域面積 1811km²
流出率 0.4
飽和雨量 150mm
(mm)
300
200
100
100 200 300
総雨量 (mm)

[烏川流域:第四紀火山岩地帯占有率26.0%]

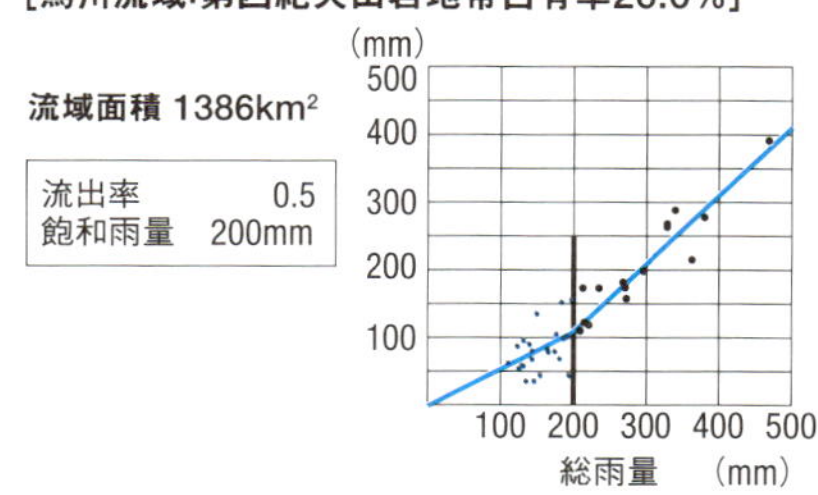

流域面積 1386km²
流出率 0.5
飽和雨量 200mm
(mm)
500
400
300
200
100
100 200 300 400 500
総雨量 (mm)

[吾妻流域:第四紀火山岩地帯占有率54.6%]

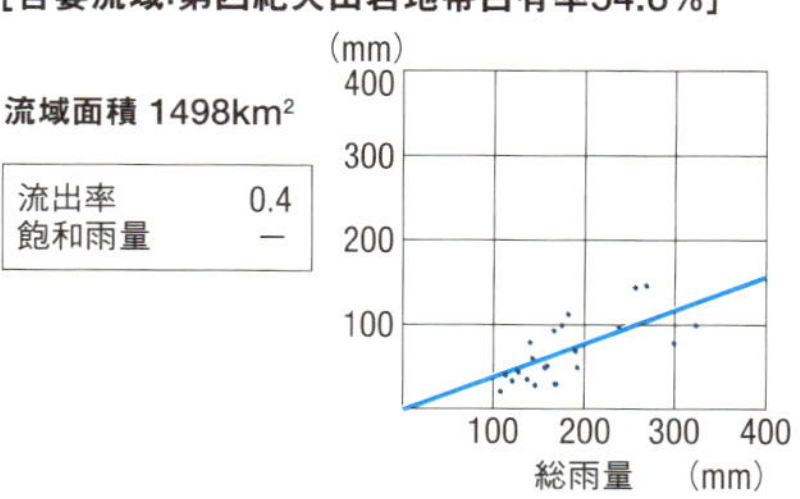

流域面積 1498km²
流出率 0.4
飽和雨量 —
(mm)
400
300
200
100
100 200 300 400
総雨量 (mm)

(資料:国土交通省「河川流出モデル・基本高水評価検討等分科会」)

的に滞留することで、その効果を発揮します。洪水はまずA、B層に貯留され、さらにC層へと浸透していきます。このような洪水時における流域の保水能力は、水文学では「飽和雨量」（土壌に降雨が浸み込む量）として表されます。飽和雨量は流域ごとに異なります（図9）。これは流域の林相の違いにより生じるものではなく、主としてC層、つまり流域の地質の違いによるものです。例えば、非第四紀火山岩流域での飽和雨量は0～200㎜、第四紀火山岩流域では280～430㎜（多目的ダムの建設 昭和62年版）といわれています。A、B層では、林相によって層厚等は変わらないので、森林施業によって、洪水時の保水能力が増えたり減ったりすることはありません。

また、年間を通して河川の流量を安定させる保水機能（水資源貯留機能）も、森林土壌や基岩の割れ目等に貯留された雨水が地下水となって河川に流出することによるものです。特に、基岩の性質により水資源貯留機能は大きく異なるといわれています（土木学会論文報告集第309号、1981年5月虫明功臣・高橋裕・安藤義久）。従って、水資源貯留機能についても間伐などの森林施業とは直接関係していません。渇水期には、むしろ森林が生長すると蒸発散量が大きくなり、河川への流出量を減じていることは前述した通りです。

保水機能が森林土壌によるものであることを鑑みれば、間伐作業等は、森林育成すなわち木材生産機能の増大のためであって、森林土壌の保水機能の増大に直接結び付かないということが理解できると思います。

利根川の河川整備に当たって、「目標とする流量が過大である」「森林の流出抑制効果を過小に評価している」という指摘が一部にあります。戦後の森林荒廃期に逆算した飽和雨量を使っているので、洪水の流出が大きく算定されており、近年は森林が成長したので飽和雨量はもっと大きいはずであり、これを見込めばダムは不要であるとの意見です。しかし、これは流域の保水能力が森林そのものではなく森林土壌にあることを理解していないためによるものです。森林の成長等による林相の変化によって保水能力が増大しないことは前述の通りです。このことが熊本県の球磨川支流に当たる川辺川に建設予定の川辺川ダムで論争になりました。次節に詳述します。

森林（正確には森林土壌）には、保水機能という重要で保全しなければならない機能があることは事実ですが、河川流域においてこの機能を人為的に調節しながら増大させることは不可能です。必要な洪水調節や水資源開発については、森林を保全しつつ必要に応じてダムの建設・改良を進めることが大切です。

川辺川ダムにおける緑のダム論争

川辺川ダムは当初、川辺川・球磨川の治水と人吉盆地への灌漑（かんがい）用水の供給および水力発電を目的とした多目的ダムとして計画されていました。現在では、治水や不特定用水の補給へと目的を変えています。ダムの建設については賛否が大きく分かれ、計画策定から約50年を経た現在においてもダム本体は着手に至っていません。反対の理由は様々ですが、「ダムが不要である」という論拠として緑のダム論があります。

緑のダム論に依拠した主な反対論は、ダムに頼らない治水対策、すなわち森林の整備による保水能力の増大により、洪水流量を30％低減できるというものです。そこで議論になったのが、森林の整備により本当に保水能力の増大が可能なのかということでした。このことについてダム反対・推進双方の合意の下で森林の持つ保水能力の共同検証（現地試験）を実施しました。結果としては、人工林や自然林、幼齢林のいずれの条件でも保水力に大きな差は認められず、森林の整備により保水力の増大は期待できないということでした。

川辺川ダムにおける緑のダム論争は、緑のダム論の本質を理解するための好事例なので振り返ってみることにします。

緑のダム論争の経緯と論点

川辺川ダム事業のこれまでの経緯を振り返り、まずはダム反対側とダム推進側の意見から緑のダム論争の論点を整理してみます。

1963年から、3年連続して川辺川と球磨川で大規模な洪水が発生しました。これらの水害を契機に地域の要望を受けて、66年に治水、利水、発電の多目的ダムとして建設が進められることになり、76年にダムの建設計画が告示されました。

ダムの建設で重要かつ時間を要するのは、水没地権者に対する補償です。告示当初に水没予定地である五木村の住民が組織する五木村水没者地権者協議会による「川辺川ダム建設に関する基本計画取消訴訟」の提訴等の反対がありました。交渉には8年の歳月を要しましたが、84年に協議会との間で補償内容に合意することとなりました。

その後、長良川河口堰の問題が契機となり、ダムや堰などの大型公共事業への批判が高まったことを受けて、建設省は95年に学識経験者や行政関係者から成る「ダム等事業審議委員会」を設置。川辺川ダムを含む全国12のダム事業について「継続して実施」「計画変更して実施」「中止」のいずれが妥当であるかを見直すことになりました。結果は、4事業については「中止」となりましたが、川辺川ダムは「継続して実施」することが妥当との見解が示されました。また、98年からは、ダムだけでなく他事業も含めた「公共事業の事業評価制度」に基づき様々な事業を再評価することになり、川辺川ダムも対象になっています。

このような経過を経て、川辺川ダム事業は進められていきましたが、2001年11月にダム建設に反対する民間研究グループが、ダムなしの治水代替案を発表したことがきっかけとなってダム建設に疑問が投げかけられました。同年12月に熊本県の主催で「川辺川ダムを考える住民討論集会」が開催され、公開の場でダム建設の賛否の議論が始まります。同集会は県民参加の下、国土交通省やダムに異論を唱える団体、学者、住民が参加し、川辺川ダム事業を巡る論点を議論する場として04年までに9回開催されました。しかし、調査内容や変化予測の精度、環境への影響評価についての価値観が対立するなど、議論は平行線をたどりました。

特に、治水の根幹である基本高水流量（洪水を防ぐための計画で対策の目標となる洪水の最大流量）に影響する森林の保水力への見解に相違があり、議論がかみ合いませんでした（**図10**）。ダ

図10 森林の保水力に関するダム反対側とダム推進側の主張（抜粋）

ダム反対側	ダム推進側
①森林の斜面を水が流れる場合、(1)表層流、(2)中間流、(3)地下流の3つの流れがある。浸透能が高く、(2)、(3)まで雨水が浸透すれば、森林の保水能力は高く、ピーク流量が低減される	①森林を伐採しても、森林土壌が残っていれば浸透力はほとんど変わらない
②広葉樹林と手入れの悪い人工林では浸透能に2.5倍ほどの差がある。（広葉樹林と手入れの悪い人工林とで）浸透能に差があるとしてもそれはあくまでも相対値で、測定された浸透能の値がそのまま実際の降雨時の、特に集中豪雨時の浸透能として評価することはできない	②我が国の森林土壌は浸透能が非常に大きいので、広葉樹であっても針葉樹であっても、通常、雨水は全て浸透し地表流は発生しない。よって浸透能が増加したとしても、森林の洪水緩和機能は変わらない
③浸透能が高ければ、400mm近い大雨が降った場合、仮に国交省が主張しているように森林の保水機能が頭打ちになるとしても、残りの200mmの雨水について、徐々に河川に放出することとなり、例えばピーク流量を30～40%削減できるなど、一定の洪水調節機能を発揮すると考えられる	③森林の保水能力は、雨量が200mmぐらいで頭打ちになり、400mm以上の非常に大きな雨量の時には、森林の保水能力だけでの洪水への対応は不可能。大規模な洪水時には、洪水がピークに達する前に流域が流出に関して飽和に近い状態となるため、ピーク流量の低減効果は大きくは期待できない
④人工林を間伐など本来の手入れをすることで浸透能が改善され、保水力が増大する可能性が高い。国交省の持つ大量のデータを情報公開し、現地の状況について検証すべきだ	④最終浸透能のデータについては、これまでの研究で既に大体分かっている状況であり、森林に過度の洪水調節機能を期待するのは危険。間伐等を行い、森林の状態を良くしたり、天然林に戻しても、そんなに大きな変化は期待できないというのが森林水文学の考え方

（資料:川辺川ダムを考える住民討論集会）

ム反対側の主張は、森林では雨水が浸透し、河川のピーク流量を低減するので、人工林を間伐するなどの手入れをすることで、森林の保水力を最大限活用でき、川辺川ダムを建設しなくても十分な洪水緩和機能が得られるというものです。これに対して、ダム推進側の主張は、間伐などで森林の状態を改善したとしても、十分な洪水緩和機能を得ることができないというものでした。

このため、熊本県の調整により森林の持つ保水能力の共同検証（現地試験）を04～05年の2年にわたって行うことになりました。試験結果は緑のダム論争に一定の解を導くことが期待されて、大きな注目を集めました。

森林の保水力についての共同検証（現地試験）

森林の保水力に関する双方の主張を検証するために、熊本県がコーディネーターとなって専門家会議を設置。双方の専門家同士が専門的な見地から共同検証の方法等について、具体的に議論しました。技術的な検証方法については、①地表流観察試験として「地表流の樋による捕捉」や「地表流のビデオカメラ撮影」を行うこと、②森林水文学の専門家に表層流に関するコメントを求めること等が取り決められました。

試験地における地表流の観測等は、川辺川流域で手入れの悪い人工林、自然林、幼齢林（林齢2年の人工林）を対象として、04年の台風期に3回、05年の梅雨期に2回実施しました（**図11、写真1、2、3**）。

共同検証では、ホートン型地表流（森林土壌内が不飽和の状態で地表に発生する流れ）がある

図11 森林保水力の共同検証試験地

林種		人工林	自然林	幼齢林
樹種		ヒノキ・アカマツ （一部は広葉樹）	広葉樹	ヒノキ
材齢		38年	推定25年	2年
土壌		褐色森林土	褐色森林土	褐色森林土
地質		れき岩・砂岩・泥岩・ （チャート）	れき岩・砂岩・泥岩・ （チャート）	
平均勾配（試験範囲）		約30°	約35°	約33°
試験範囲の面積 （鉛直投影面積）		315.5m^2	187.1m^2	109.9m^2
観測年度	2004年度	○	○	—
	2005年度	○	○	○

（資料:川辺川ダムを考える住民討論集会）

写真1 人工林での地表流観測（写真:川辺川ダムを考える住民討論集会）

写真2■ 自然林での地表流観測(写真:川辺川ダムを考える住民討論集会)

写真3■ 幼齢林(樹齢2年の人工林)での地表流観測(写真:川辺川ダムを考える住民討論集会)

か否かが焦点となりました。地表流が試験地で発生して、かつ、その量が人工林や幼齢林と比べて自然林で著しく小さいのであれば、森林の施業や成長により、保水力が増大することの証明になります。観測結果によれば、地表流は人工林、自然林、幼齢林のいずれの降雨においても、総雨量の1％未満でした（**図12**）。つまり、ホートン型地表流は発生していないということです。また、1％未満のものについて大小を比較することが全体から見てあまり意味があるとは思えませんが、04年の観測では、人工林が自然林より地表流を多く観測しています。一方で、05年の観測では、自然林が人工林や幼齢林（樹齢2年の人工林）より地表流を多く観測しており、逆の結果となっています。こうした観測結果が示しているのは、森林の違いにより、森林の保水力が大きく増加したり、減少したりしないということです。

試験結果は「伐採跡地の幼齢林や人工林では土壌表面の浸透能が低下しており、洪水時には地表流が増え、河川に一気に雨水が流出してくるので、ピーク流量がそれだけ跳ね上がる」というダム反対側の主張と異なっています。従って、「間伐により森林が針広混交林化され、浸透能が戻り、現在のピーク流量をさらに30％ほど削減する」との主張は根拠がありません。

健全な流域水循環系の構築に不可欠な森林の保全・整備

森林が、降った雨を土壌に保水する機能を有することは事実です。ただし、その能力には限界があり、貯水ダムを不要にするほどの機能まではありません。つまり、川の水を平準化したり、洪水の初期の降雨を貯留したりする重要な機能を持っていますが、前述のように、渇水期にはむ

図12 地表流の観測結果

[2004年]

地表流の観測結果	1回目		2回目		3回目	
	人工林	自然林	人工林	自然林	人工林	自然林
観測期間の総雨量	239(mm)		144.5(mm)		102(mm)	
総雨量に占める「樋に捕捉された量」(地表流)	0.25(%)	0.065(%)	0.103(%)	0.009(%)	0.019(%)	0.002(%)
観察期間のピーク雨量	42(mm)		24.5(mm)		11(mm)	
ピーク時の雨量に占める「樋に捕捉された量」(地表流)	0.714(%)	0.057(%)	0.114(%)	0.004(%)	0.027(%)	0.009(%)

人工林は315(m^2)、自然林は187.1(m^2)

[2005年]

地表流の観測結果	1回目			2回目		
	人工林	自然林	幼齢林	人工林	自然林	幼齢林
観測期間の総雨量	66(mm)	205(mm)	206(mm)	269.5(mm)	269.5(mm)	218.5(mm)
総雨量に占める「樋に捕捉された量」(地表流)	0.053(%)	0.383(%)	0.04(%)	0.031(%)	0.158(%)	0.013(%)
観察期間のピーク雨量	63(mm)	63(mm)	53(mm)	30.5(mm)	30.5(mm)	25.5(mm)
ピーク時の雨量に占める「樋に捕捉された量」(地表流)	0.056(%)	0.714(%)	0.04(%)	0.075(%)	0.403(%)	0.016(%)

人工林は315.5(m^2)、自然林は187.1(m^2)、幼齢林は109.9(m^2)

(資料:熊本県「川辺川ダムを考える住民討論集会と森林の保水力の共同検証」)

しろマイナスに働く他、大雨になると雨を貯留する能力が限界になり、大半の雨が川に流出してしまいます。また、森林施業により保水能力を増大させることも困難です。

しかし、森林の持つ保水力（緑のダム）に加え、土砂流出の抑止や清浄な水の確保等は、治水や利水にとって欠くことのできない重要な機能です。河川における治水・利水では、これらの機能を前提として、必要なダムの建設や河川整備の計画を決定しています。当然のことですが、河川流域に森林がなければ、治水・利水の施策は成り立ちません。森林とダムは競合関係にあるのではなく、相互に補完する関係にあることを認識し、流域を管理していくことが重要なのです。川辺川ダムにおける緑のダム論争は決して不毛な議論ではなく、科学的知見の一助になり、これからの流域管理を考えて行くための一里塚になりました。緑のダム論争については、東京大学大学院農学生命科学研究科付属演習林生態水文学研究所の蔵治光一郎所長が著書「緑のダムの科学」（築地書房）で大変示唆に富む指摘をされているので、引用して終わりたいと思います。

「森林が人間の利便性や防災上の必要性と合致する働きをしてくれること自体は『自然の恵み』であり、誰にとっても歓迎されるはずである。にもかかわらず、緑のダムを巡って賛成と反対に別れ、論争に10年以上費やしたことは誠に残念だった。何故論争になったのか、それは緑のダム機能を、ダムを全否定するかのような論理に接合してしまったからである。それだけダム反対の潮流が強かったことと相まって森林機能への期待が大きかったからであろうが、日本の高度経済成長を支えてきたダムを全否定されれば、これまで努力してきた関係者は不愉快だったに違いない。

ここで改めて筆者の見解を強調しておきたい。『緑のダム』は万能ではなく、緑のダムをもって既存のダムを全否定できるものではない。その一方で『緑のダム』の能力は全否定されるようなものでもない。ダムと緑のダムはともに人間の利便性に貢献する機能があり、両者そろって力を発揮することで、片方だけに偏るよりも、より費用対効果が高い治水、利水が実現できるはずだと筆者は考えている」

参考文献

1 緑のダムの科学（2014）築地書房　蔵治光一郎、保屋野初子編
2 緑のダム、人工のダム（1995）亀田ブックサービス　岡本芳美著
3 多目的ダムの建設 昭和62年版（1988）全国建設研修センター 建設省河川局監修
4 いわれなき公共事業批判を糺す（2009）建設人社　髙橋定雄著
5 流域水循環における森林の役割　虫明功臣（流域圏学会（2013）総会・学術研究発表会）
6 「流木災害」と森林管理　太田猛彦（治山林道広報誌　2017　680号）
7 川辺川ダムを考える住民討論集会資料（第1回～第9回）

第3章

急峻な国土に生きる

小山内 信智

DAM AND FOREST

山は動く

日本は環太平洋地域の変動帯に位置することから、地震や火山活動が活発であるとともに、急峻な地形と複雑かつ脆弱な地質が広く分布します。山地・丘陵地が約7割を占め、平地が少ないため、必然的に急峻な斜面地形の近傍で多くの人々が生活を営むことになります。

そのような国土に梅雨前線や台風によってもたらされる豪雨などの外力が加わることで、斜面は崩壊し、土砂は重力に従い必ず下方へ動きます。「動かざること山の如し」という言葉がありますが、山全体はいつまでも変わらず安定的にあるように見えたとしても、山地斜面は動いているのです。

第二次世界大戦後の経済発展と人口増加に伴い、日本の都市域周辺では丘陵地や山麓斜面にまで宅地開発が進みました。その結果、全国で推計約67万カ所もの土砂災害警戒区域が分布している（2019年3月末時点）ことが物語る通り、多くの人々が土砂災害の危険にさらされているのです。

実際に毎年、全国各地で土砂災害が多発しています。また、土砂災害の影響は山地域にとどまらず、荒廃地や崩壊地等から生産される土砂が下流域にまで流れ込む「土砂・洪水氾濫」を引き起こす危険性をはらんでいます。

ここでは、主に山地域周辺で発生する土砂災害と森林の関係を中心に見ていきます。

3つの土砂災害

日本では土砂災害を以下の3つに大別しています（**図1**）。1つ目が山腹や渓床を構成する土砂やれきの一部が集中豪雨等によって水と一体となり一気に流下する「土石流」。2つ目が斜面のひとまとまりの土塊が地下水などの影響によって地すべり面に沿って比較的ゆっくりと斜面下方に移動する「地すべり」。そして、3つ目が雨や地震などの影響によって土の抵抗力が弱まり、急激に斜面が崩れ落ちる「がけ崩れ」です。このように土砂移動現象を分類して別の名前で呼んでいるのは、発生メカニズムが異なっている現象の特性に合わせて、適切なハード対策、ソフト対策を行う必要があるからです。

国土の利用に制限要素が多い日本では、自然災害に対する防災事業は、何もしなければ自然現象の脅威にさらされる頻度の高い土地において、人間の社会・経済活動に供することのできる範囲をなるべく広げようとする不断の努力なのだといえます。その結果として、食料や工業製品などの生産を増やせ、相互作用的に増大する人口を維持することも可能になったのです。また、既に人間が利用している土地に対しては、人命・財産の保護という国民

図1 土砂災害の分類

［土石流］

［地すべり］

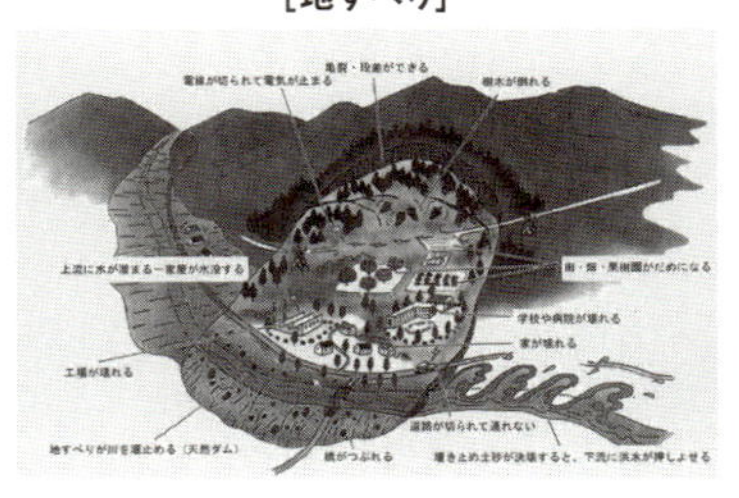

［がけ崩れ］

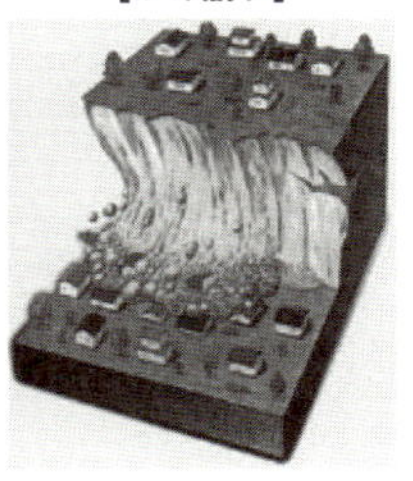

（資料:国土交通省）

の基本的人権に属する利益（すなわち国益）を保全することになるのです。

過去30年でどんどん増える土砂災害

国土交通省調べによる土砂災害の発生件数は、平均すると年間で1000件強ですが、近年は豪雨の発生頻度の増加とともに、土砂災害の発生件数も増加する傾向にあります。1989年から2018年までの30年間の土砂災害の発生件数を豪雨の発生頻度と対比させてみましょう（**図2**）。

1989～98年は、1時間当たり50㎜以上の雨量の発生回数が平均して247回で、それに伴って発生した土砂災害は年平均945件でした。

ところが、2009～18年の年平均はそれぞれ、311回、1382件と増え

図2■ 近年の豪雨発生頻度と土砂災害発生件数

[1時間雨量50mm以上の発生回数（1300地点当たり）]

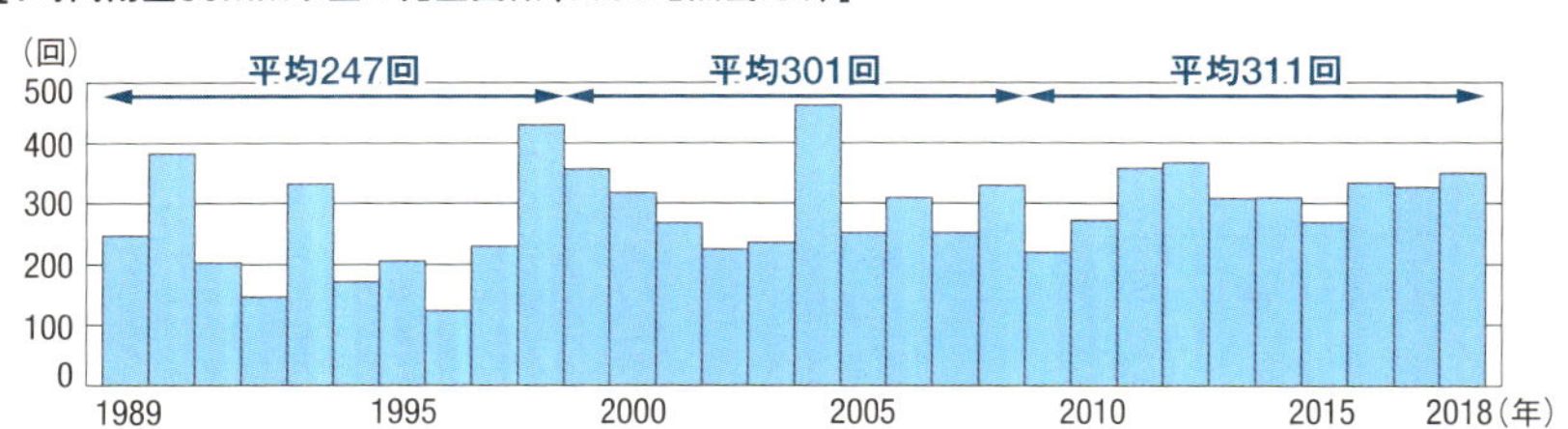

（回）
500
400
300
200
100
0
平均247回
平均301回
平均311回
1989
1995
2000
2005
2010
2015
2018（年）

[過去30年における土砂災害発生件数]

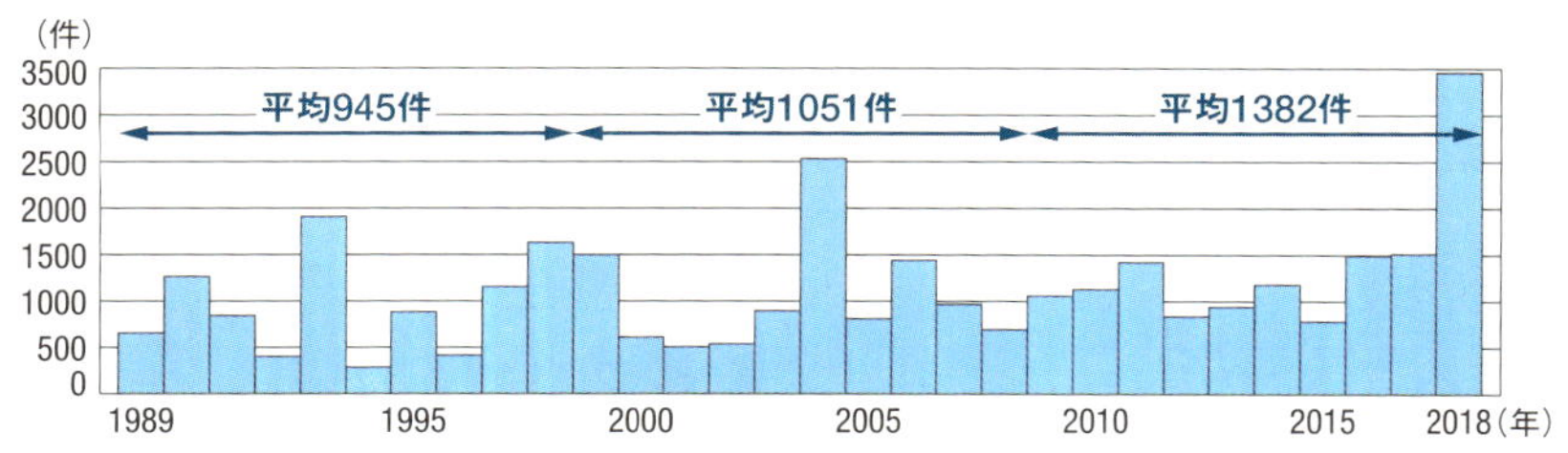

（件）
3500
3000
2500
2000
1500
1000
500
0
平均945件
平均1051件
平均1382件
1989
1995
2000
2005
2010
2015
2018（年）

（資料:国土交通省）

ています。今後も地球温暖化が進行して豪雨の発生頻度が増加するならば、それに呼応して土砂災害の発生件数も増大すると想定されます。さらには、これまで土砂災害がそれほど多くなかった地域でも大量の土砂を供給する可能性が高くなる恐れがあるため、適応策を検討することが急務です。

ところで、01年から05年までの5カ年における年平均では、土砂災害は約1000件（国交省調べ）、さらに山地災害は約2000件（林野庁調べ）と報告されています。これらの数値は土砂災害危険箇所や山地災害危険地区といった保全対象を含む地域、またはその周辺で発生したもののみについての報告であり、土砂移動現象を網羅的に把握したものではありません。土砂移動現象の全数は統計がないため不明ですが、広域で発生した崩壊等を空中写真の判読などで把握した事例としては次のようなものがあるので、その際の土砂災害の報告数（国交省所管分）とを対比してみます。

2008年6月岩手・宮城内陸地震（判読崩壊数　約3500　対　土砂災害報告数　54）
2011年3月東北地方太平洋沖地震（判読崩壊数　約500　対　土砂災害報告数　139）
2011年9月紀伊半島大水害（判読崩壊数　約3000　対　土砂災害報告数　208）

これらの事例から推察すると、土砂災害の報告数に対して数倍～数十倍の土砂移動現象が実際には発生している可能性が分かります。

森林（植生）の土砂流出抑制効果と限界

私たちは緑豊かな森林を見ると、その山や斜面では土砂災害や大きな出水などは起こらない安全な場所なのだと思いがちです。それは、森林（植生）に土砂流出抑制効果があると認識して、森林に土砂災害を防止する効果を期待してしまうからなのです。

現在の日本の山地域は、質の議論は別にして、大半が豊かな緑に覆われているといってよい[1]のですが、それにもかかわらず毎年多くの土砂災害等を被っています。これは、森林にある程度の土砂流出抑制効果があったとしても、それだけでは災害を引き起こすような大きな土砂移動現象を完全に抑止できないことを示しています。森林の効果・限界をしっかりと理解し、適切に活用しながらも、現実に発生する土砂災害による被害を防止・軽減する合理的な対策を行わなければならないのです。

森林（植生）の土砂流出抑制機能

図3は山地周辺の空間分類ごとに、期待される森林（植生）の土砂流出抑制効果を整理したものです。これら全てが効果を発揮すれば土砂災害をかなりの程度防止できそうですが、現実にはどうでしょうか。まずは、それぞれの効果がどの程度期待できそうなのか、これまでに得られている知見を整理してみます。

①表面侵食抑制効果（山腹斜面）

裸地斜面への植生導入による表面侵食抑制効果については、明治時代まではげ山であった滋賀県田上山周辺の強風化花こう岩地帯で実施した山腹工によって、侵食土砂量が2～3オーダー減少したという劇的な変化が報告されています[2]。ただし、この観測箇所では植生の導入以前に、階段工の施工など土木的処理によって表層土の移動を制限した時点で、大きな土砂流出抑制効果が発揮されています。これは播種（はしゅ）（種まき）や苗の植栽だけでは緑化が成功しなかった脆弱な表層土の斜面において、土木的手法で斜面表層の安定化や表流水の集中抑制を図って、渓床への不安定土砂の供給抑制や裸地斜面への植生の活着が実現できたことを示しています。

ただ、いずれにせよ山腹緑化の成功で斜面上のガリ（雨水による侵食溝）の発達が抑えられることも含め、斜面下部にある渓床への不安定土砂の供給を抑制することで、渓床不安定土砂再移動型土石流の発生頻度や流出土砂量を減らす効果があると考えられます。

②表層崩壊抑制効果（山腹斜面）

表層崩壊抑制については、森林を形成する樹木の根系が伸びてい

図3■ 植生に期待をかける土砂流出抑制効果の対象

土砂流出抑制効果の分類＼空間分類	山腹斜面	渓流内・渓畔域	山麓
土砂生産抑制効果	表面侵食 リル・ガリーの発達 表層崩壊	渓床不安定土砂の再移動 渓岸侵食	−
移動土砂停止促進効果	土砂の流下	土石流・掃流砂等の移動	土砂の流下 落石

る深さまでの表層土のせん断強度増加効果[3]や隣接木の根系が交差するネットワーク効果[4]などによって、裸地・草地斜面に比べて降雨による早い段階での崩壊を抑制する効果があります。ただし、豪雨が継続した場合でも崩壊面積率を低下させる[5]傾向が維持されるとはいえ、防災の観点からは崩壊を十分に防止できるレベルだと考えるべきではありません。むしろ、崩壊タイミングを遅らせて（すなわち、崩壊頻度を低下させて）はいるものの、1カ所当たりの崩壊規模は大きくなる傾向があり、また崩れた場合には崩土および流動化した土石流の中に必ず多くの流木を含むことになるため、被害規模を増大させる可能性があることに留意する必要があります。後述の2013年伊豆大島土砂災害などはその典型的な事例といえます。

③渓床不安定土砂の再移動・渓岸侵食抑制効果（渓流内）

小規模出水時等に源流域や側方斜面から渓流内に徐々に蓄積された不安定土砂や渓岸の表層土は、土石流や土砂流の材料となります。これらの上に樹林が生育している場合、不安定な土砂の移動を抑制することを期待しがちですが、成立基盤の土砂が流水あるいは土石流等によって侵食される局面においては、樹林やその根系による土砂移動抑制効果はほとんど期待できません[6]。段丘側面などに根系が見えていると、あたかも根っ子が基盤の土砂を抱えて侵食を抑制しているように思われるかもしれませんが、根系の隙間にある土砂の粒径は大部分が隙間よりも小さなものなので、流水で洗い流されればひとたまりもありません。

また、山歩きや沢登りをしていると、渓床不安定土砂上の樹林が一斉林（同時期に萌芽して同様の成長をしている単一樹種の森林）的になっている状況がしばしば見られます。これは、ある時期にその場所の植生が完全に破壊されるような基盤のかく乱があったことを示しており、土石流が通過する範囲の樹林は基本的に根こそぎ剥ぎ取られて流木となっているはずです。その範囲での樹林の成長は、将来土石流が発生した際に発生流木量の増大につながる可能性もあると考えるべきです。

④土石流・土砂流等停止促進効果（山腹斜面、渓流内・渓畔域、山麓）

写真1は土石流が樹林内で停止している状況です。樹林が土石流の流下エネルギーを減少させることで停止を促進したように見えます。しかし、斜面上部での崩壊や渓床不安定土砂の再移動によって土石流が発生すると、勾配が10度程度よりも緩やかになるまで立木を巻き込みながら流下を続け、谷出口などの緩勾配で渓床幅が広がる場所で流路の位置を左右に移動させながらようやく止まります。ごく一般的な沖積錐（扇状地形）の形成過程なのです。つまり、土石流が流下を続ける条件下では樹林は破壊され、停止しようとする条件下では樹林があろうとなかろうと土石流は止まるのです。

緩勾配区間に到達した土石流等が基盤土壌を侵食せず、流体力・衝撃力がその場の立木を転倒させられない程度に減衰してい

写真1■ 樹林内で停止した土石流。1995年の長野県小谷村

る条件下で初めて、樹林帯は粗度あるいは杭として作用し、流入土砂の停止・堆積を促進することになります[7]。また、流入土砂の中に流・倒木が含まれる場合には、それらが立木に引っ掛かることでダム状に土砂を堆積させることもあります。ただし、これらの作用は安定的に期待できるわけではなく、防災計画に反映させるための定量的な評価は今のところ難しいと考えられています[8]。

なお掃流砂(そうりゅうさ)に対しては、樹林密度の高い緩勾配区間においては掃流力が低減される[9]ことで一定の堆積促進効果が期待できる[10]とされていますが、これも基盤土壌が侵食されないことが前提条件となっています。

近年の土砂災害の実態

最近発生した土砂災害の実態を見ることでも、植生と土砂災害との関係を理解することができます。

①２０１４年８月広島県広島市土石流災害

広島市周辺は瀬戸内海式気候のため年間降水量はそれほど多くありません。しかし、時折襲う集中豪雨によって甚大な土石流災害を繰り返し被ってきました。２０１４年の災害時には広島湾から北東方向に延びる線状降水帯が形成され、８月20日午前1時から午前4時までの降水量は２０９㎜に達し（三入雨量観測所）、既往最大の3時間降水量の2倍を超す観測史上最大の集中豪雨となりました。

この地域では1960年代以降、広島市への人口集中によって市街地がスプロール化した結果、山麓の緩傾斜部や谷あいの段丘上に新興住宅地が形成されました。災害前は山腹斜面が緑で覆われ、谷地形も明瞭には認識しにくく、ここに居を構えた人たちは土石流が襲ってくる可能性があるとは思ってもいませんでした（**写真2**）。ところが集中豪雨を受けると、この地域の谷地形を呈する渓流から軒並み土石流が発生し、扇頂部付近で氾濫して77人の命が奪われました（関連死を含む）。

図4に災害直後のレーザ・プロファイラー計測による（植生をはぎ取った）立体地形図を示しています。谷出口の扇状地形（沖積錐）の上や、扇頂部の尾根を削りその土砂で谷埋めして形成した平坦面部に住宅が入り込んでいる状況がよく見えます。谷出口付近における人工平坦面部の道路の縦断勾配は10度程度です。谷地形の凹では土石流の形態を維持したまま土石・流木が到達する勾配です。そもそも沖積錐は土石流が氾濫・堆積して形成された地形なので、防災の観点からは本来居住することは望ましくないといえます。しかしながら現実には、全国で危険な場所に集落が

写真2■ 2014年8月広島市安佐南区の土石流災害の前後の比較写真。左は災害前の2013年、右は災害後の2014年（写真：Google）

形成されている例が散見されます。

「地形は土地の履歴書」なので、土地利用を行う際はその土地の素性・性格を、地形を通して見極めることが重要だといえます。

②2013年10月台風26号による伊豆大島土砂災害

2013年10月に発生した台風26号により、東京都大島町の伊豆大島は24時間雨量が800㎜を超える豪雨に見舞われました。10月16日未明に大島町の三原山北西斜面に位置する大金沢では大規模な土石流が発生し、死者・行方不明者39人、全壊家屋73戸・半壊家屋45戸・一部損壊家屋84戸の甚大な土砂災害が発生しました（**図5**）。

この災害を調査した砂防学会は、大金沢の土石流における流木災害の特徴を以下のように整理しています。

図4 レーザー・プロファイラー計測による立体地形図

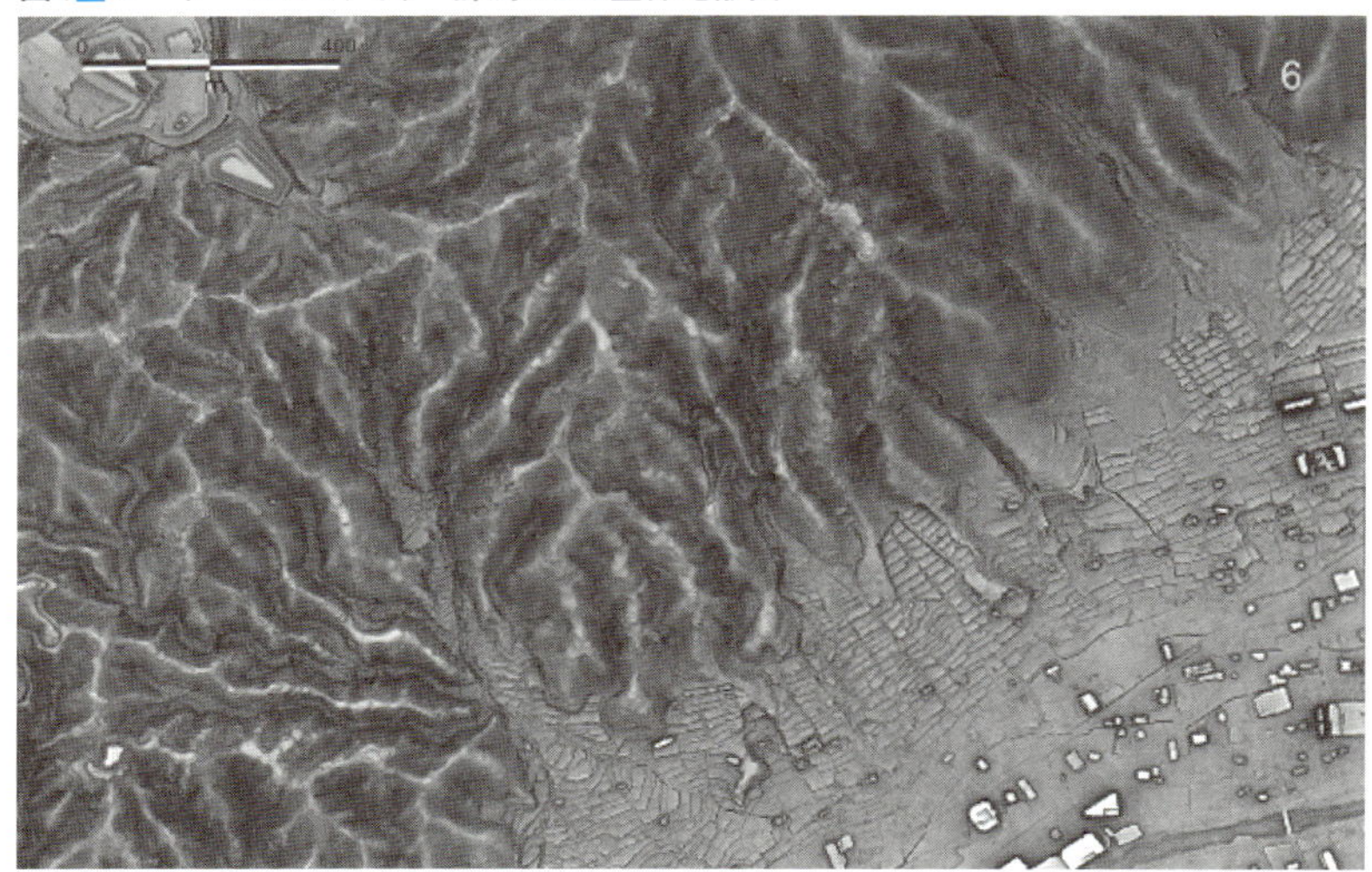
0
400
6

（資料:国土交通省中国地方整備局）

（1）大金沢では広い範囲の天然の広葉樹林が破壊されて多量の流木が発生・流下した。

（2）大金沢の左支川から多量の流木が下流の流路に流入。市街地にある主要な3カ所の橋梁を閉塞させて周辺に土石流を氾濫させ、被害を増大させた。

（3）既設の透過型砂防堰堤等により効果的に流木が捕捉され下流の被害を防止・軽減している箇所も見られた（**写真3**）。

大金沢の上・中流域は常緑広葉樹（ハチジョウイヌツゲ、ヒサカキなど）の天然林により覆われていました。これらの樹木が、観測史上最大規模の降雨に起因して降下火砕物の堆積層で発生した表層崩壊とともに流木となり、また、流下途中の渓床、渓岸の立木も巻

図5　2013年の伊豆大島土砂災害の概要

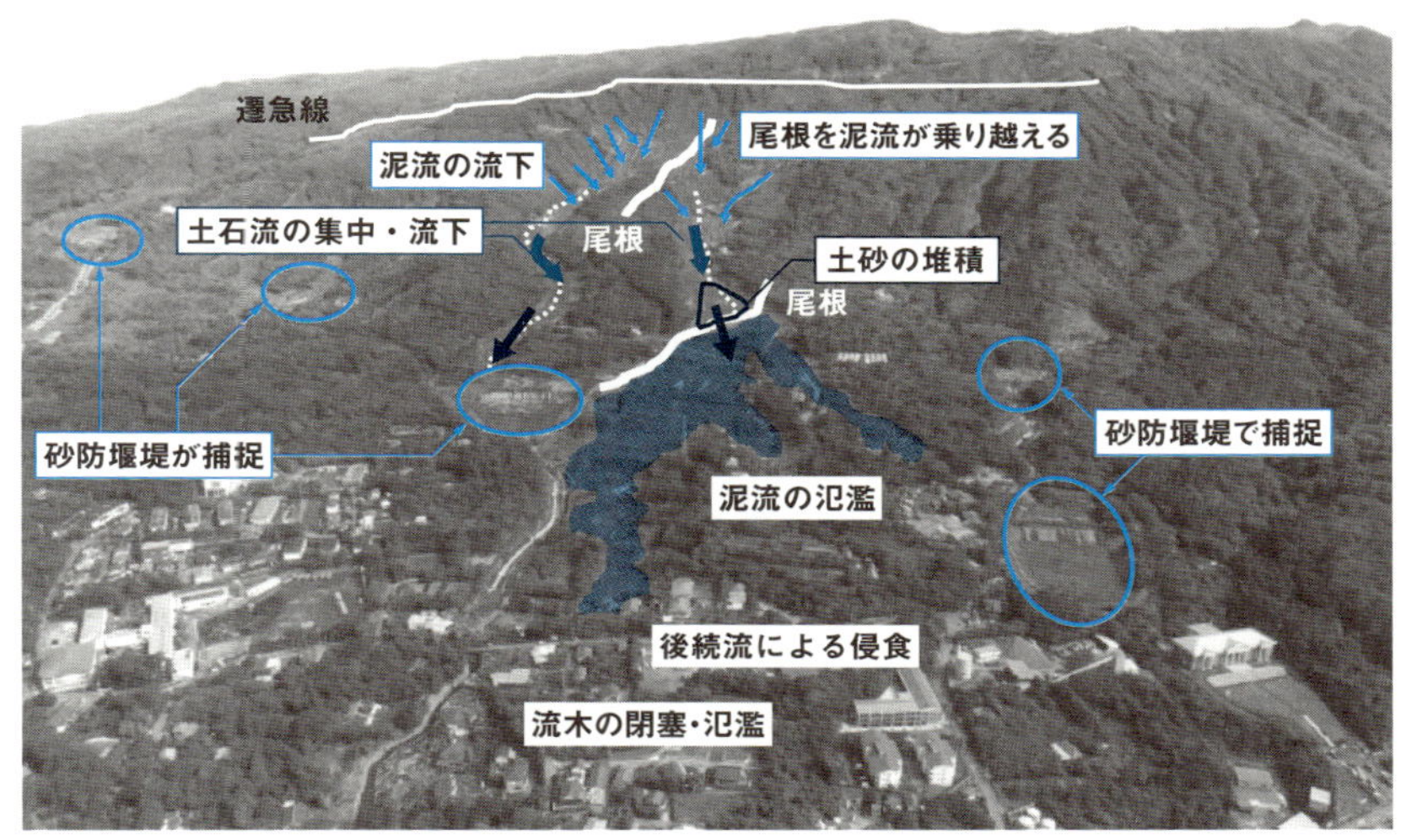
遷急線
泥流の流下
尾根を泥流が乗り越える
土石流の集中・流下
尾根
土砂の堆積
尾根
砂防堰堤が捕捉
砂防堰堤で捕捉
泥流の氾濫
後続流による侵食
流木の閉塞・氾濫

（資料:土木研究所）

き込んで流下しました。崩壊・侵食した表層土の厚さは1m程度以内と比較的浅いために、流下土砂量に対する流木の量は相対的に大きく、主要な橋梁が流木で閉塞されて土石流は流路外へ氾濫し、周辺の家屋を破壊して多数の人命を奪いました。

根系のネットワークが斜面崩壊を抑制する効果を有していると前述しましたが、この災害では崩壊面積が非常に大きく、面的に表層土が剥ぎ取られているのが大きな特徴です（**写真4**）。この現象については、表層土単独での崩壊に比べて、側方に連続する根系が存在したことで崩壊の範囲が拡大した可能性が指摘されています[11]。

③２０１６年８月北海道十勝地方豪雨災害

16年8月29日から31日までに戸蔦別川（とったべつがわ）の雨量観測所で５３０㎜を記録するなど、北海道日高山脈東麓では東北地方の太平洋側を北上する台風10号による南東からの湿った風の吹き込みにより、この地域での観測史上最大降雨を経験しました。ちなみに、気象庁芽室観測地点での年平均降水量は９６０㎜程度です。北は新得町から南は帯広市まで、約50㎞間における日高山脈の高標高部に

写真3 砂防堰堤で捕捉された大量の流木
（写真:国土交通省）

写真4 浅く面的な表層崩壊

源流を持つ主要な9渓流およびその支渓流で、多数の土石流が発生しました。

中でもペケレベツ川では、下流に流送された土砂と流木、および下流の河川区間で発生した河岸侵食等の局所的な侵食現象によって再生産された土砂で、橋梁部で閉塞を起こすなどして甚大な被害が生じました（**写真5**）。災害前、川のみお筋は渓畔林（渓流沿いに繁茂する森林）に覆われていてほとんど確認できませんでしたが、災害後には土石流等の侵食作用または土砂堆積に伴うみお筋の蛇行によって渓畔植生が破壊され、渓流幅が数十倍に拡幅して[12]白く見えています（**図6**）。

本川上流端から約3・4km地点の清流橋では、巨れきを含む土石流が上流側に停止したことで後続流あるいは第2波以降の土石流が橋梁のアバット裏の地盤を侵食して、5m程度以下だった出水前の渓流幅は約15倍に拡大

写真5■ ペケレベツ川に架かる錦橋では流木や土砂による閉塞で、洪水氾濫が拡大した（写真:北見工業大学）

しています（写真6右上）。約5・2km地点の第1砂防堰堤堆砂敷きでは、砂防堰堤による土砂捕捉や掃流力低下等の効果により、土石流で流下してきた巨れきの大多数を減勢・停止させています（写真6左上）。約8・3km地点にある第2砂防堰堤堆砂敷きは、渓床勾配が2度未満区間内にあり上流の第1砂防堰堤を通過してきた細粒土砂を大量に捕捉し、下流への土砂流出量を低減しています（写真6右下）。

ところで、第1砂防堰堤付近よりも上流側と下流側では渓流幅の拡幅のメカニズムが異なります。上流側は平均渓床勾配が5度程度以上であり、土石流形態が維持されたままの流れが、元の渓床・渓岸を侵食して渓流幅が広がりました。下流区間での渓床高はおおむね上昇しており、大量の土砂堆積が見られます。緩勾配区間での流入土砂の堆積は新たな中州・寄り州を形成し、流水は河道全体を薄

図6 土石流通過後のペケレベツ川の河道拡幅状況

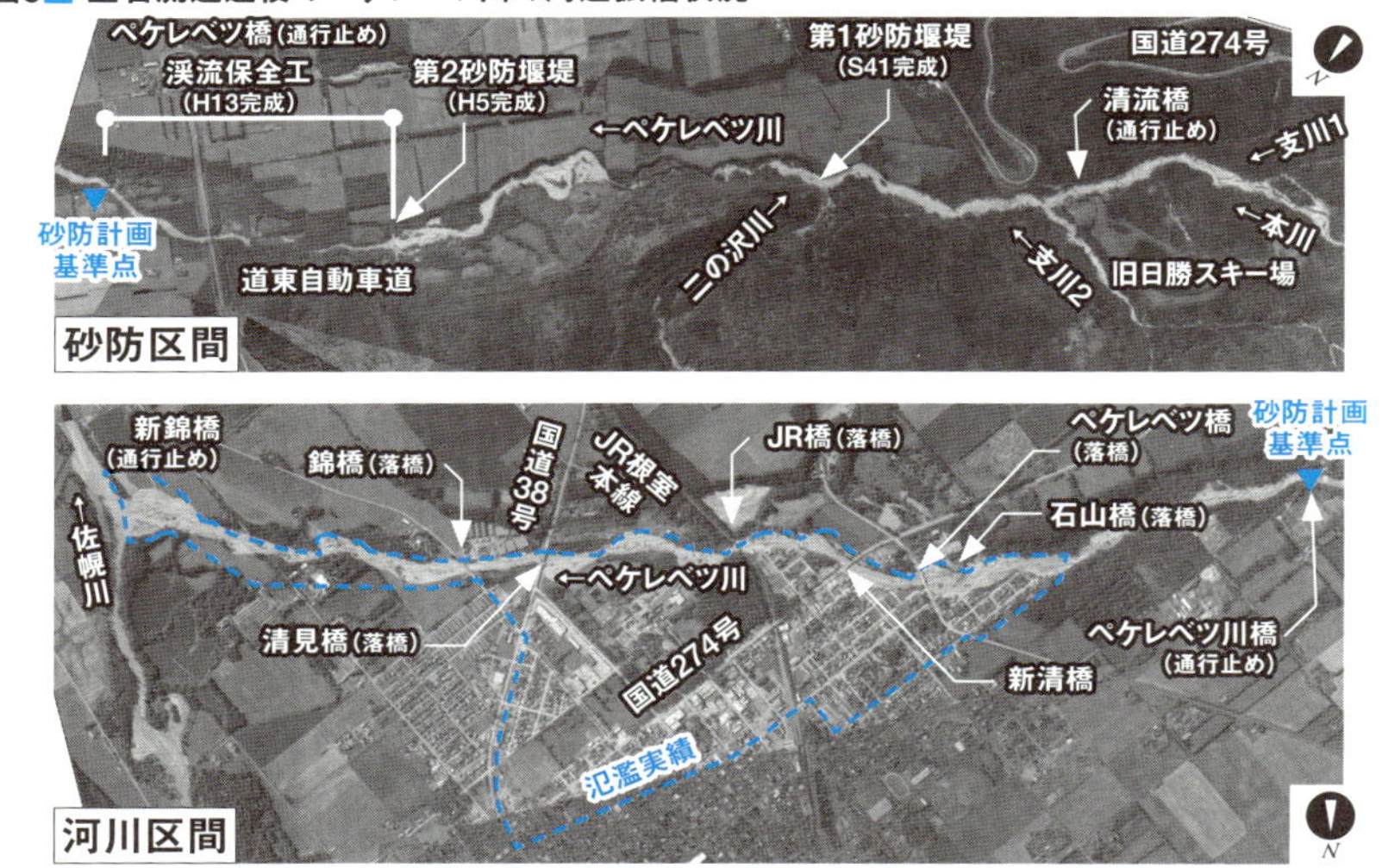

ペケレベツ橋（通行止め）
渓流保全工
（H13完成）
第2砂防堰堤
（H5完成）
第1砂防堰堤
（S41完成）
国道274号
清流橋
（通行止め）
←ペケレベツ川
←支川1
←本川
砂防計画
基準点
二の沢川→
←支川2
旧日勝スキー場
道東自動車道
砂防区間
新錦橋
（通行止め）
錦橋（落橋）
国道38号
JR根室本線
JR橋（落橋）
ペケレベツ橋
（落橋）
砂防計画
基準点
石山橋（落橋）
←佐幌川
←ペケレベツ川
清見橋（落橋）
国道274号
ペケレベツ川橋
（通行止め）
新清橋
氾濫実績
河川区間

2016年9月7日撮影（資料:北海道）

く流れるのではなく一定のみお筋の幅を持った蛇行流が流路を変遷させ、既往の中州等の堆積土砂や渓岸およびそれらの上の渓畔林を侵食することで渓流幅を広げています。

流域面積約32㎢のペケレベツ川での発生流木量は9100㎥程度で、単位面積当たりでは約284㎥／㎢になります。これは、国土技術政策総合研究所が2016年に作成した「砂防基本計画策定指針（土石流・流木対策編）解説[13]」（以下、土対針）に載っている広葉樹林の発生上限値の目安100㎥／㎢と比較しても大きいのです。さらにここで示されている上限値は、流域面積1㎢程度までの土石流区間を対象としていることを考えると、この災害では掃流区間の渓畔林も大量に流出した可能性があることを示唆しています。

このように、渓床勾配の違いによって侵食される形態は異なるものの、渓畔植生は土石

写真6■ ペケレベツ川の河道内の状況変化。右上は清流橋付近、左上は第1砂防堰堤の堆砂敷き、右下は第2砂防堰堤堆砂敷き

流や蛇行流のような土砂移動を伴う激しい流れに対しては、脆弱であることを認識しなければいけません。

緑の落とし穴？

以上見てきた事例の共通項は、いずれも災害発生前は緑（樹林）で覆われた地域だったということです。斜面や谷底平野が緑で覆われていると、人はその場所が安定的で安全だという「緑の安全神話」に引き込まれてしまいがちです。確かに、その場所で樹林が成立・成長する（たかだか）数十〜百年程度は大きなかく乱がなかったとはいえます。そのために危険な場所に多くの人の生活の場を誘導してしまったとすれば、「緑」の存在が落とし穴になってしまっているという事実を、もっと大きな問題として議論すべきだといえるのです。

緑の斜面から現実に流出してくる土砂と流木、さらにはそれを運ぶ洪水流をいかに合理的に処理するかを考えて対策を実施することが、急峻な国土での私たちの生活に大きな安心と自由度を提供してくれるのです。

土砂・流木災害にどう立ち向かうか

第二次世界大戦後の日本の土砂災害対策

全国で多様な形態で発生する土砂災害から人命・財産を守るため、現在、日本では構造物の設置によるハード対策と、土砂災害の恐れのある区域について警戒避難体制の整備、新規住宅の立地抑制等を実施するソフト対策の両面から対策を実施しています。

ここで、現在の土砂災害対策の枠組みとなるまでの経緯を少し振り返っておきましょう。第二次世界大戦時に荒廃が進んだ日本の山林に、１９４５年枕崎台風、47年カスリーン台風、58年狩野川台風、59年伊勢湾台風などが豪雨をもたらし、千人オーダーの犠牲者を出すなど流域の上・中・下流全てに甚大な被害を発生させている状況は、明治期と同様のいわゆる水系砂防的な取り組みの重要性を再確認させたものでした。これらの災害を契機に、60年に「治山治水緊急措置法」を制定。同年を初年度とする「治山治水事業10箇年計画」が閣議決定され、治水事業の長期計画と財政的な裏付けが生まれました。

一方で、53年および57年の西日本一帯の災害においては地すべり災害が顕著であったことから、58年に「地すべり等防止法」を制定しました。さらに、67年の広島県呉市や兵庫県神戸市のがけ崩れによる災害を契機に、69年には「急傾斜地の崩壊による災害の防止に関する法律」を制定し、土砂移動現象による直接的な被害を防止する、いわゆる地先砂防のための制度が整備されてきました。

土石流は、現象として以前から認識されていたものの、その対応は水系砂防の中で実施されてきました。66年山梨県西湖周辺の土石流災害を受けて、同年に出た建設省河川局長通達「山津波等に対する警戒体制の確立について」から、明確に意識されるようになったと考えられます。その後、土砂災害の危険箇所が調査されるようになり、警戒避難体制の整備等が議論され、93年に「総合的な土砂災害対策について（提言）」が出されました。これが現在の「土砂災害警戒区域等における土砂災害防止対策の推進に関する法律」（以下、土砂災害防止法）につながっています。

以下に紹介する対策工の大半はコンクリートや鋼材などの堅い材料を用いた、まさにハードな対策なのですが、明治期から第二次世界大戦後しばらくの間までは、荒廃地などの再緑化のために植生を用いた山腹工が砂防・治山事業の主要な工法でした。はげ山の緑化を進めることによって、表面侵食や表層崩壊による流域全体の土砂生産ポテンシャルを低減させることは、初期のステージとしては最重要な工事であったといえます。そして百年を超える営々とした努力が成果を上げたこともあり、日本では緑化すべき大規模な荒廃斜面はかなり少なくなってきました。近年は、それでも発生する激甚な土砂移動現象への対応に軸足を移したわけです。

土石流に対しては、発生の恐れがある渓流の渓岸や渓床の侵食を防止したり、土石流や流木を捕捉したりするため、砂防堰堤を

写真7■ 鋼製の透過型砂防堰堤（写真：国土交通省）

写真8■ がけ崩れ対策工（法枠工）（写真：国土交通省）

設置することが一般的です。砂防堰堤には不透過型と透過型（**写真７**）の２つのタイプがあり、近年は、中小出水では土砂を流下させて空き容量を維持し、土石流や流木を効果的に捕捉する透過構造の砂防堰堤が多く用いられるようになっています。

地すべりに対しては、まず、抑制工と呼ばれる集水井や集水ボーリングなど地すべりの誘因となる地下水位を低下させるための工法が広く用いられます。抑制工だけで不十分な場合には、アンカーや杭等の構造物によって地すべり斜面の安定度を直接的に高めることを目的とする抑止工を組み合わせるのが一般的です（**図７**）。

がけ崩れに対しては、擁壁工や法枠工（**写真８**）など斜面を安定化させる工法を採用する傾向にあります。

またがけ崩れ対策においても、コスト的に

図7■ 地すべり対策工（抑止工）の模式図

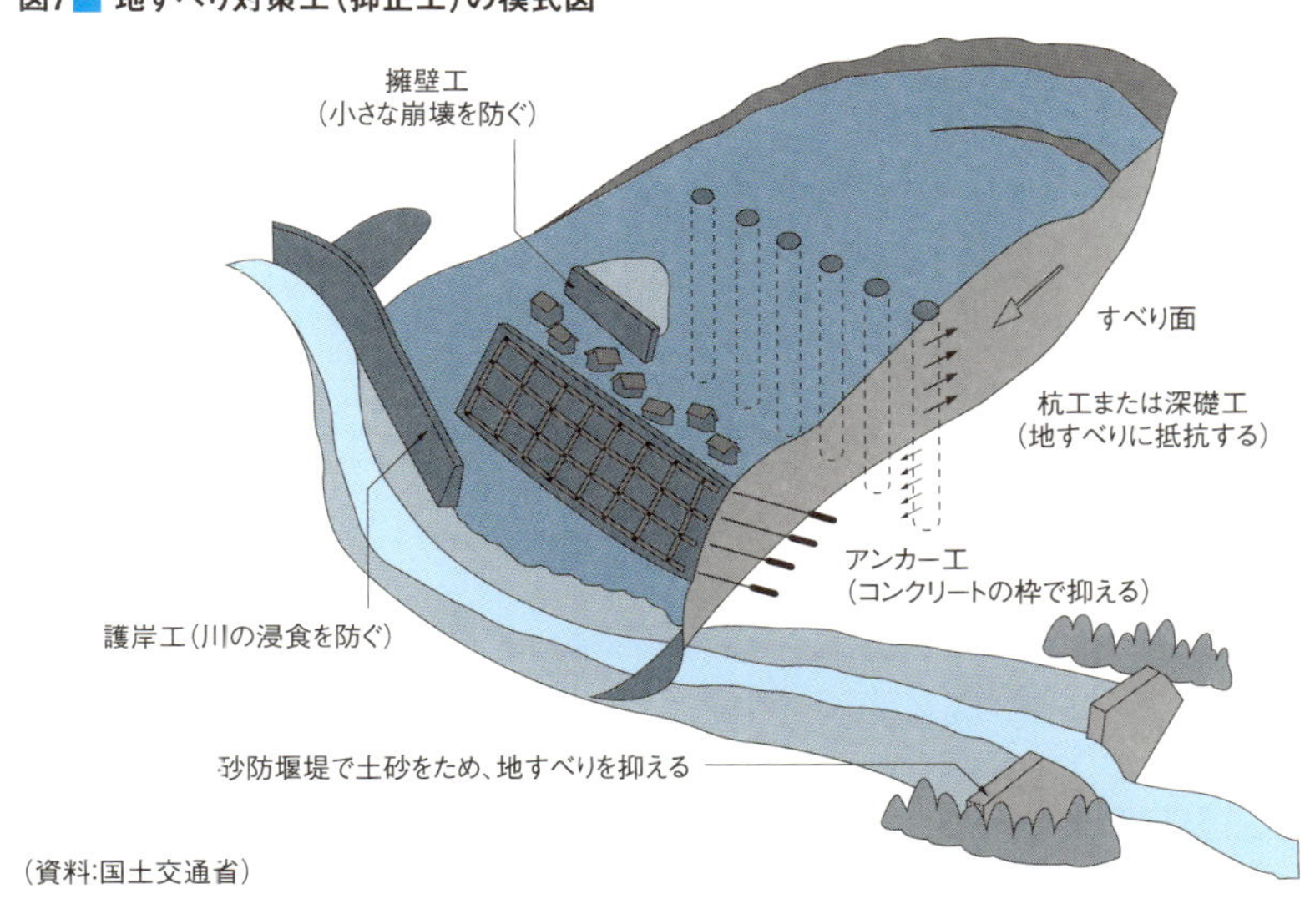
擁壁工
（小さな崩壊を防ぐ）
すべり面
杭工または深礎工
（地すべりに抵抗する）
アンカー工
（コンクリートの枠で抑える）
護岸工（川の浸食を防ぐ）
砂防堰堤で土砂をため、地すべりを抑える

（資料：国土交通省）

は不利になる場合もありますが、環境・景観上の配慮から斜面上の植生を極力残すためのノンフレーム工法、鉄筋挿入工といった技術が開発されるなど、環境調和型の砂防事業の実施が心掛けられています。

ソフト対策の進展とその課題

1999年6月29日に広島市周辺の山麓・谷あいの新興住宅地で土石流等により、24人が犠牲となりました。それを契機に制定されたのが、土砂災害防止法です。

全国には土砂災害警戒区域が約67万カ所あると推計され、ハード対策の整備が追い付かない実情があります。この法律は土砂災害から国民の生命を守るため、土砂災害の恐れのある区域について、土砂災害警戒区域、土砂災害特別警戒区域を指定した上、危険の周知や警戒避難体制の整備、住宅等の新規立地の

図8 土砂災害防止法の概要

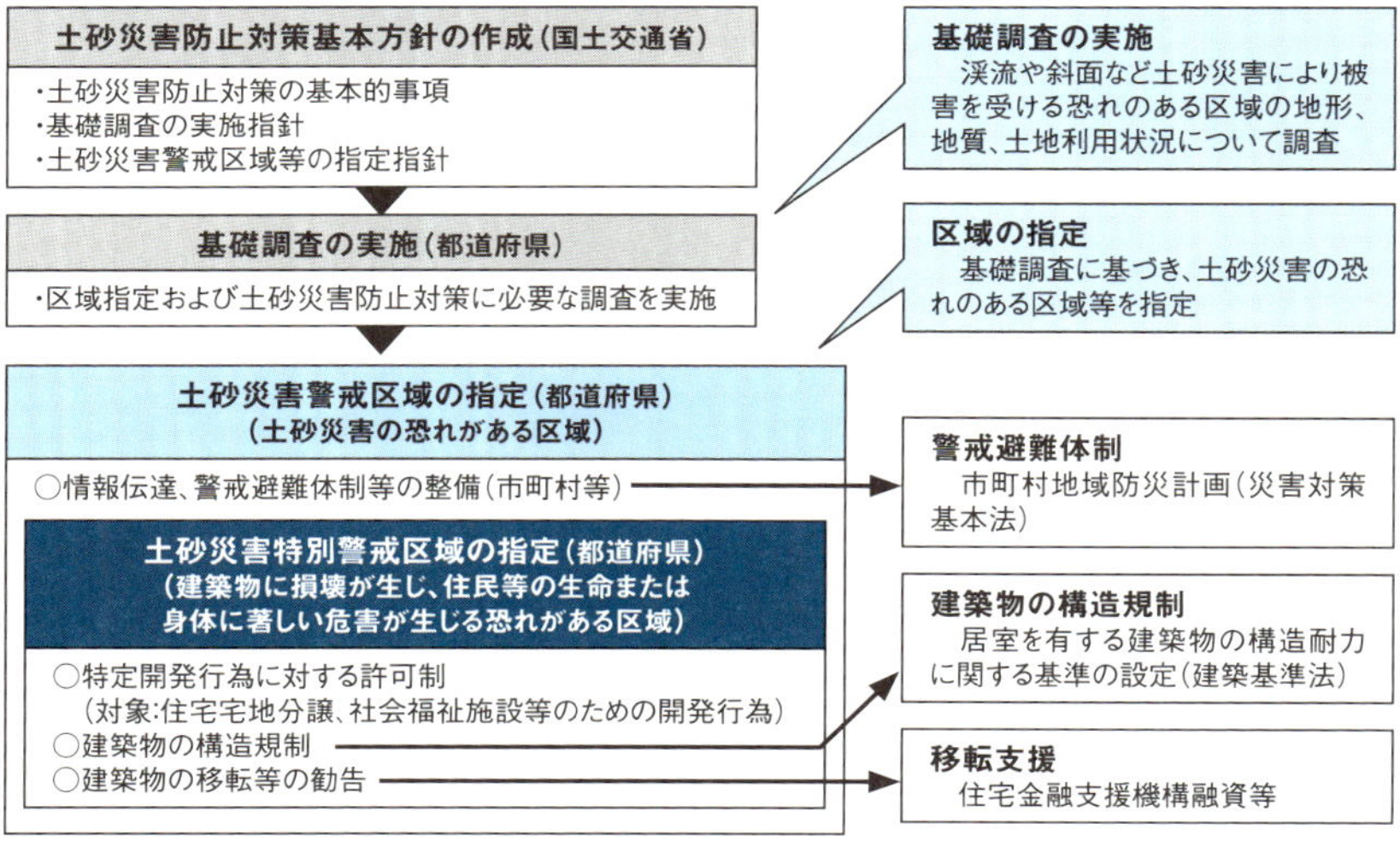

土砂災害防止対策基本方針の作成（国土交通省）
- 土砂災害防止対策の基本的事項
- 基礎調査の実施指針
- 土砂災害警戒区域等の指定指針

▼

基礎調査の実施（都道府県）
- 区域指定および土砂災害防止対策に必要な調査を実施

▼

土砂災害警戒区域の指定（都道府県）
（土砂災害の恐れがある区域）

○情報伝達、警戒避難体制等の整備（市町村等） → 警戒避難体制

土砂災害特別警戒区域の指定（都道府県）
（建築物に損壊が生じ、住民等の生命または身体に著しい危害が生じる恐れがある区域）

○特定開発行為に対する許可制
（対象:住宅宅地分譲、社会福祉施設等のための開発行為）
○建築物の構造規制 → 建築物の構造規制
○建築物の移転等の勧告 → 移転支援

基礎調査の実施
渓流や斜面など土砂災害により被害を受ける恐れのある区域の地形、地質、土地利用状況について調査

区域の指定
基礎調査に基づき、土砂災害の恐れのある区域等を指定

警戒避難体制
市町村地域防災計画（災害対策基本法）

建築物の構造規制
居室を有する建築物の構造耐力に関する基準の設定（建築基準法）

移転支援
住宅金融支援機構融資等

（資料:国土交通省）

抑制、既存住宅の移転促進等のソフト対策を推進しようとするものです（**図8**）。また、法律制定後に発生した様々な災害の経験を踏まえ、ハザードマップの周知や土砂災害緊急情報の発表、土砂災害警戒情報の周知、災害時要支援者施設の避難確保計画作成等の改正が行われています。

しかしながら前述の２０１４年広島市土石流災害の被災地区の多くでは、99年災害の経験があったにもかかわらず、土砂災害警戒区域の指定も間に合っておらず、また災害の発生時間帯が真夜中であったこともあり、警戒避難は十分に機能しませんでした。警戒避難によるソフト対策は、警戒情報発表の判断から始まり、関係部署への伝達、首長の避難勧告・指示等の発令判断、関係住民への伝達、そして情報の最終ユーザーである住民自身による避難行動への判断といった幾段もの判断ステップを経るので、元々不安定さを内在し、理想的に機能することが現実にはかなり難しいといえます。一方で、ハード対策として砂防堰堤が設置されていた渓流では土石流を捕捉し、被害を封じ込め、防災施設の有効性を示す事例も見られました。

土砂移動現象にほぼ必ず含まれる流木

近年の大規模な土砂災害においては、流木による被害の拡大がしばしば見られます。流木被害はもちろん古くからあったのですが、大規模な荒廃地等が集落の近くに多く存在していた時

写真9■ 2017年の九州北部豪雨による流木被害。福岡県朝倉市奈良ケ谷川
（写真:国土交通省九州地方整備局）

代には、崩壊はまず無林地から始まりやすいので、流木をあまり含まない土砂移動現象が目に付いていたと考えられます。しかし、現在の日本の山地斜面は基本的に森林に覆われているため、斜面崩壊などに起因して土砂移動現象が発生すれば、ほぼ必ずといってよいほど流木を含みます（**写真9**）。

土対針に示されている流木対策の考え方は、想定される崩壊地内の樹林はもちろん、土石流が通過する範囲内にある樹林を含む、原則全ての流木量を捕捉することとしています。なお参考として、過去の流木災害の実態調査から針葉樹ならおおむね１０００㎥／㎢程度、広葉樹ならおおむね１００㎥／㎢程度で包含できるとしています。

①２０１７年九州北部豪雨時の流木

17年7月、活発な梅雨前線の活動により福

図8 既往の発生流木量と近年の災害時の実績

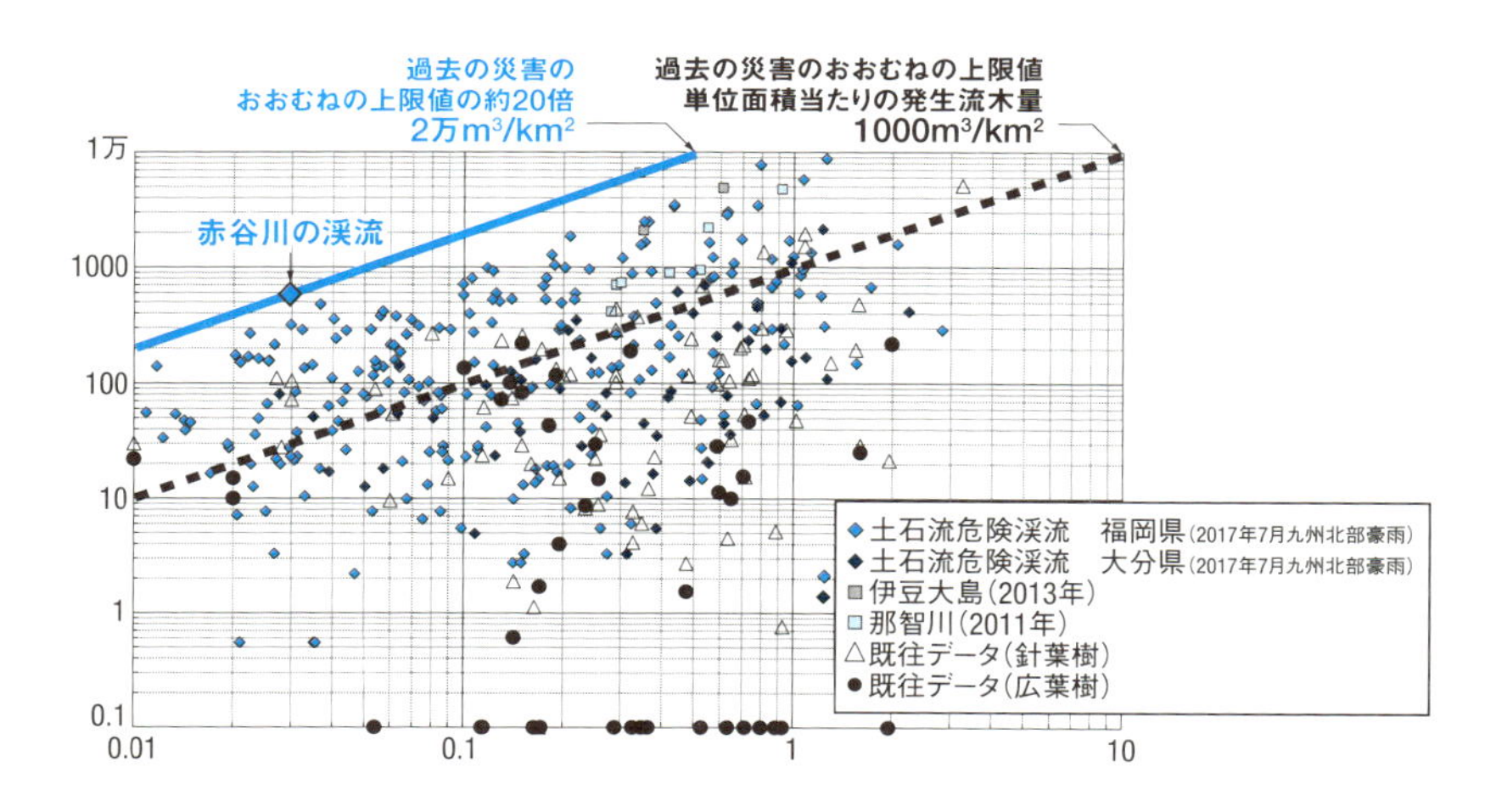

過去の災害の
おおむねの上限値の約20倍
2万m3/km2
過去の災害のおおむねの上限値
単位面積当たりの発生流木量
1000m3/km2
赤谷川の渓流
1万
1000
100
10
1
0.1
0.01
0.1
1
10
土石流危険渓流　福岡県（2017年7月九州北部豪雨）
土石流危険渓流　大分県（2017年7月九州北部豪雨）
伊豆大島（2013年）
那智川（2011年）
既往データ（針葉樹）
既往データ（広葉樹）

（資料：国土交通省）

岡県、大分県を中心に線状降水帯の発生を伴うような集中豪雨となり、福岡県朝倉市、東峰村、大分県日田市の山間地では、斜面崩壊や大量の流木を含む土石流、河川洪水が同時多発的に発生しました。そのため両県では、土砂災害によって23人の死者・行方不明者が出ました。この災害では、土砂とともに大量の流木が発生して被害を助長したと考えられています。国土交通省の流木発生量の調査結果によると、一連の豪雨により発生した流木量は約21万m³（約17万ｔ）と推定されています。土対針に記されている1000m³／km²程度以下という針葉樹の発生流木量の基準値を上回る流木が多くの渓流で観測されました。最も流木量の多い赤谷川の流域では基準値の20倍近くに達するところがありました（**図8**）。これは、流木量の調査記録がある過去の土砂災害の中で最大級の流木を伴う災害でした。

②最近の流木対策の動き

13年伊豆大島土砂災害の流木被害等を踏まえ、国交省では土砂とともに流出する流木等を全て捕捉するために、透過構造を有する施設（例えば、透過型砂防堰堤、流木捕捉工）の原則設置を土

写真10■ 2016年の台風10号で、約1万m³の流木を捕捉した大暗渠付き部分透過型砂防堰堤（美瑛川第1堰堤）。左は2016年8月1日、右は2016年8月24日（写真:国土交通省北海道開発局）

対針に盛り込むよう改訂しました（**写真10**）。また、17年7月九州北部豪雨災害を受けて、新設する砂防堰堤について流木等を確実に捕捉するため透過構造を有する施設の設置を推進するとともに、特に多量の流木の流出などで下流への被害の拡大が懸念される流域において、流木捕捉工の設置を行うなど、流木の捕捉効果を高めるための既設砂防堰堤の有効活用を積極的に進めています。

既設の砂防堰堤に流木捕捉工を設置するにしても、堰堤本体の改造が難しい場合があり、また副堰堤を利用する場合には効果量が十分ではないなどの課題があるため、最近では本堰堤の上流側に流木捕捉工を張り出して設置する工法（**図9**）なども採用され、流木捕捉効果の向上が図られています[14]。

このように、山地斜面が緑で覆われたことによってむしろ、風水害対策で処理すべき対

図9 張り出しタイプの流木捕捉工の設置概念図

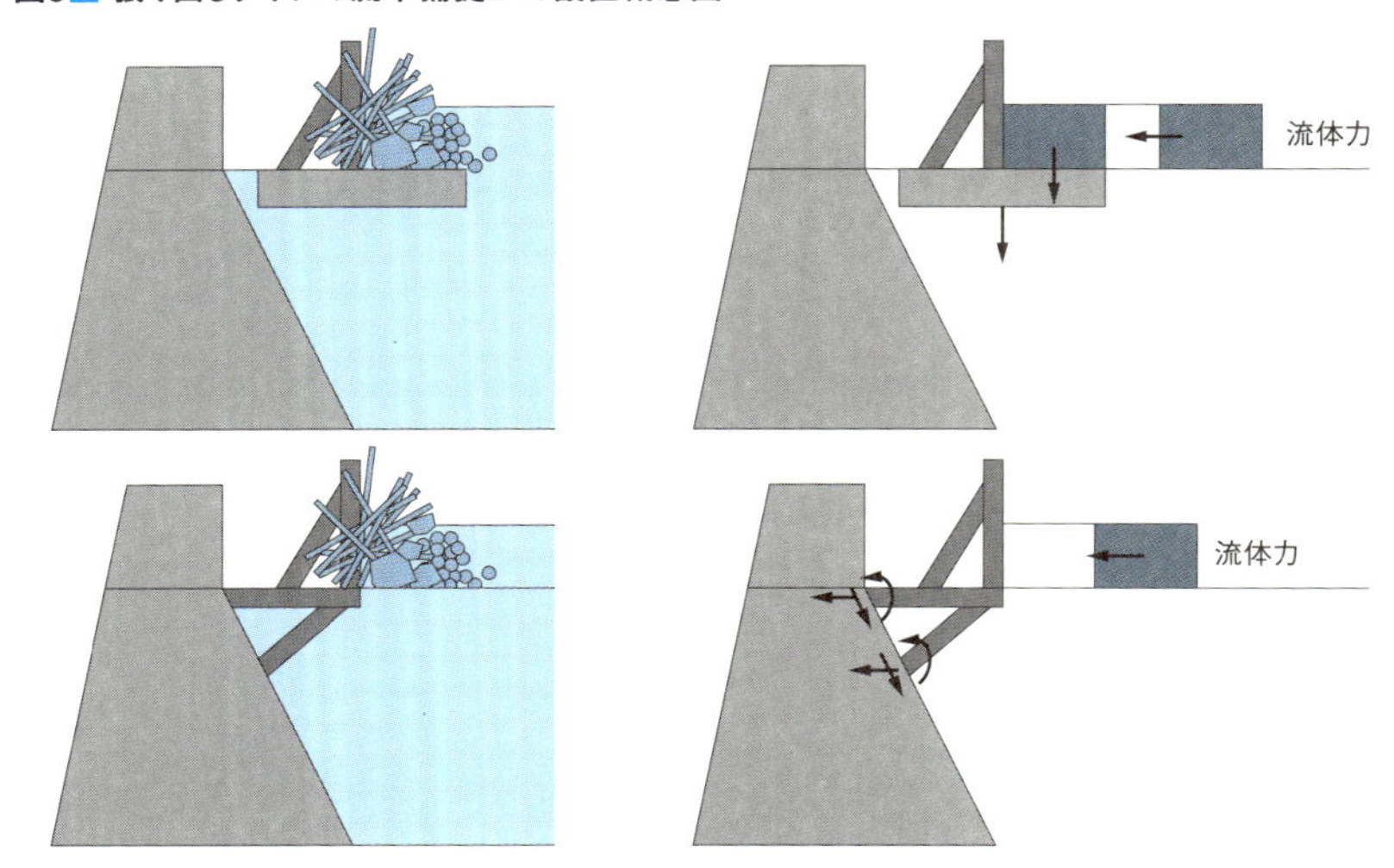
流体力
流体力

土石流区間。上は満砂状態、下は未満砂状態（資料:砂防・地すべり技術センター）

象や規模などが変化することに注意しなければいけないという側面もあるのです。

参考文献

1 太田猛彦（２０１２）森林飽和、119-148, ＮＨＫ出版
2 鈴木雅一・福嶌義宏（１９８９）風化花崗岩山地における裸地と森林地の土砂生産、水利科学 No.190, 89-100
3 阿部和時（１９９８）樹木根系の斜面崩壊防止機能、森林科学22, 23-29
4 塚本良則（１９９８）森林・水・土の保全、89-102, 朝倉書店
5 小山内信智・桂真也　他（２０１１）森林の崩壊抑制効果を反映した生産土砂量の推定に向けた一考察―豪雨災害時の崩壊面積率の解析―、砂防学会誌 Vol.63,No.5, 22-32
6 小山内信智・南哲行　他（１９９９）砂防渓流における渓畔林の成立実態と渓流保全の在り方に関する研究、砂防学会誌 Vol.52, No.1, 10-20
7 本田尚正・水山高久（２００１）土石流への対応から見たグリーンベルトの設定、砂防学会誌 Vol.53, No.6, 27-36
8 木戸脇季孝・金子正則　他（２００７）樹林帯の崩土減勢効果の評価手法に関する一検討、砂防学会誌 Vol.60,No.3, 32-37
9 石川芳治・藤田英信　他（１９９８）渓畔林をもつ河道における掃流砂量に関する研究、砂

防学会誌 Vol.51,No.3, 35-43

10 竹崎伸司・南哲行　他（２０００）横工直上流に存在する樹林帯の土砂堆積促進効果についての実験的研究、砂防学会誌 Vol.53,No.4, 52-57

11 平松晋也・福山泰治郎　他（２０１７）火山地域で発生する崩壊のタイミングとその規模に及ぼす樹木の影響、平成29年度砂防学会研究発表会概要集　R6-14, 358-359

12 Igura, M., Kasai, M., Aoki, D., Osanai, N., Channel Response to an Extream Flood Event in the Tokachi River Basin. Pp108-109, Proceedings of the Interpraevent 2018 in the Pacific Rim, Toyama, Japan, Oct. 2018

13 国土交通省国土技術政策総合研究所（２０１６）砂防基本計画策定指針（土石流・流木対策編）解説、国総研資料第９０４号、pp.77　国土交通省砂防部

14 嶋　丈示・水山高久（２０１７）満砂した不透過型砂防堰堤に流木捕捉機能を付加する方法、平成29年度砂防学会研究発表会概要集 R3-32, 196-197

第4章

森林政策を考える

太田 猛彦

DAM
AND
FOREST

日本の森林の劣化と回復

第1章で述べたように、森林からの流木が橋梁や家屋を破壊する災害は昔から知られていました。しかし、２０１７年の九州北部豪雨ほどの流木災害はこれまでの記録にはなく、近年流木災害は増加傾向にあるようです。

その原因としては、地球温暖化に伴う気候変動によるとみられる豪雨の増加とともに、近年人工林が増加、成長したためであるとの説があります。確かに、戦後植えられた人工林が成長し、木材として利用できる時期に達したため、林野庁では木材の利用を促進する政策を打ち出しています。

実は日本の森林は現在、人工林ばかりでなく全体としてもその蓄積を過去数百年間で最も増加させているのです。一般には、日本の森林は戦後減少し、今増加に転じている——との印象があるようですが、それは違います。つまり、日本の森林がどのような変遷をたどってきたかを理解することが、流木問題を正確に理解する第一歩と言えるかもしれません。本節では日本の森林の特徴と変遷、特に日本人と森林との関係について解説します。

「世界で唯一」の森で暮らした縄文人

日本の森林は多様で豊かであるといわれます。なぜでしょうか。まず、もともと温帯には島が少なく、海と大陸の両方の影響を受ける島は日本列島と英国の2島しかありません（**図1**）。しかも夏に降雨が多く、冬は乾燥するモンスーン気候区の島国は日本だけであり、さらに亜熱帯から亜寒帯まで南北約3千キロメートルの長さを持つ弧状列島です。従って、世界で他に類を見ない多様で豊かな森林なのです。

その「世界で唯一」の森の中で縄文人は暮らしていました。比較的暖かかったといわれるこの時代の列島にはドングリやクリが実る落葉広葉樹の森が広がっていたため、縄文人は基本的に食糧に困ることはありませんでした。しかも煮炊きを可能にする縄文式土器の発明によって利用できる食材の幅を広げることができたため、農耕を受け入れなくても豊かな生活を送れました。例えば、縄文時代の遺跡として有名な青森県の「三内丸山」の定

図1■ 世界の年降水量分布

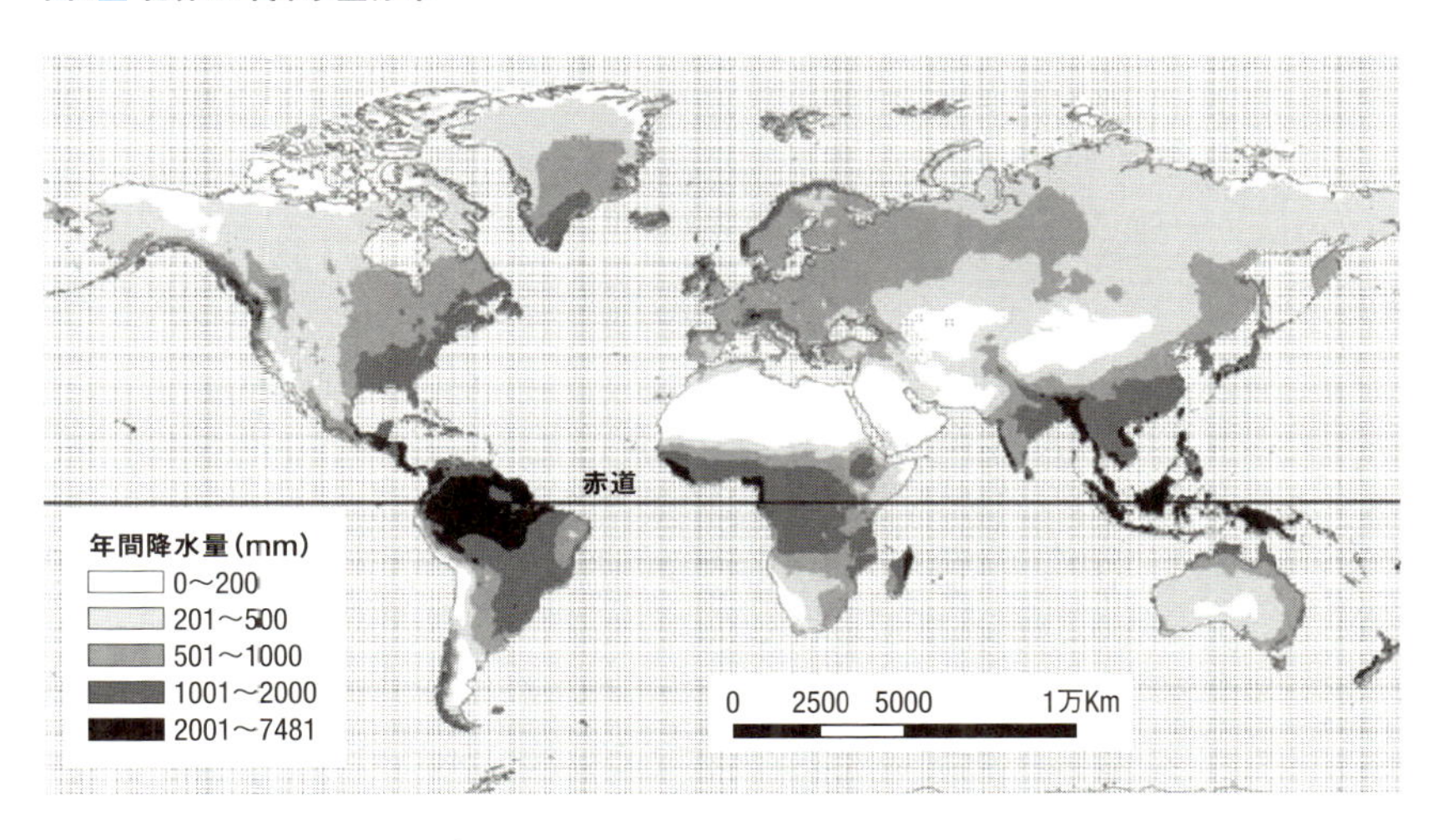
赤道
年間降水量（mm）
0～200
201～500
501～1000
1001～2000
2001～7481
0
2500
5000
1万Km

日本の平年の降水量は1600mm程度

住集落では、春は山菜採り、夏は漁労、秋は木の実の採集、冬は狩猟などにより豊かな食料を得て、集落の中心には木材を使った祭祀（さいし）用の施設を建造していました。しかし森が大きく傷つくことはなく、自然と共生した完璧な「持続可能な社会」が展開されていたといえるでしょう。農耕の始まりを研究した米国のカリフォルニア大学ロサンゼルス校教授のジャレド・ダイアモンド氏は、日本の縄文文明を「森を利用した最も豊かな狩猟採集民族文明」と評価しています。

稲作の伝来と森林の劣化

しかしながら、日本の森林はその後、大きく変化していきます。まず、縄文時代後期から始まった豆類などを栽培する簡単な農業によって、居住地の周りの森林が変化し始めました。さらに晩期には、連作が効き、病虫害も畑作より軽微な上、何よりも単位面積当たりの収穫量が多い、水田稲作が伝来します。そして用水確保のために集団生活が必要となり、集落が発達します。その結果、集落や農地の開発による森林の消失の他、食料以外の資源は燃料も含めてほとんどが林産物であったため、いわゆる里地・里山システムを基本とする稲作農耕社会が成立するとともに、集落の周りの森林が劣化し始めたのです。

やがて飛鳥・奈良時代以降に次々と古代都市が成立すると、建築資材などへの木材の本格的使用が始まるとともに、畿内を中心に森林の劣化が進行し、それが原因で洪水や土砂災害がたびたび発生するようになりました。そこで森林を保護するため、例えば天武天皇は６７６年に飛鳥川上流に禁伐令を発しています。10世紀末には田上山など畿内各地で荒廃山地（はげ山）が出現するようになりました。

その後室町時代頃になると、各種産業の発達による人口の増加によって地方でも城郭や都市の建設が盛んになり、燃料用や資材用の木材需要が増加し、森林の劣化も全国に広がっていきました。またこの時代になると、製塩業や製鉄業、窯業等に必要な燃料材の需要が増加して、森林の劣化がいっそう進んだことも忘れてはいけません。

江戸時代は山地荒廃の時代

戦国時代以降は、戦国大名や江戸時代の各藩によって水田の開発がさらに進み、江戸時代中期には1００万人が暮らす巨大都市・江戸を擁する人口3千万人の稲作農耕社会が成立しました。その人口を支えたのが稲作農業と森林を中心とする自然資源でした。しかしその頃、森林資源は既に逼迫（ひっぱく）しており、各地にはげ山が広がるとともに、里地・里山システムに関わる入会地における村落間の境界争いや村落内での資源の奪い合い（山論）、あるいは農業用水の奪い合い（水論）が頻発しました（**図2**）。つまり里地・里山システムは持続可能ではなかったのです。人々はこれらの紛争を防止するため、入会の制度や今日の慣行水利権につながる農業用水の配分制度を作りました。

ここで稲作農耕社会の下での日本人の森林利用についてまとめておきます。私たちの祖先は天然林をそのまま使い続けたわけではありません。森の中で暮らし始めた日本人は縄文時代以来、多様な樹種のそれぞれの性質を知り尽くしていました。そして、その中から建築材や家具材として最適なスギやヒノキを特に重用しました。これらの樹種は比較的軽いので持ち運びが便利な上、通直（木目などが真っすぐに通っていること）で柔らかく、曲げにも強いので加工が容易でした。さらに比較的成長が速く、半陽樹（多少日陰でも育つ樹木）で分布が広いためどこでも植えやすかったのです。こうして天然林が枯渇した江戸時代に人工林の林業が成立しました。人工林としてスギやヒノキが多いのはこのような理由からです。

さらに全ての森林が枯渇してくれば、成長が速く短期的に繰り返し収穫できる樹種を植えるのは当然です。そこで選ばれた樹種が里山の二次林を構成するクヌギやコナラでした。これらの樹種は20年もすれば伐採利用が可能になり、大量に生産されるドングリから育てた苗木の植栽も萌芽からの更新も容易でした。また材は燃料として優れ、肥料にする

図2 江戸時代の里山

近世の文化年間（1804〜18年）における稲作水田と接する里山の植生。立木地はごくわずかでほとんどが草山（資料：大蔵永常「農具便利論 下」（日本農書全集15「除蝗録 全 後編・農具便利論上中下・綿圃要務」、農山漁村文化協会））

落葉も栄養豊富でした。加えて、落葉や下草が採取されて土地が痩せた荒廃林地で育つマツも植栽され、利用されました。

一方で、森林の消失（裸地化）や劣化は山地での土砂崩壊や平地での洪水氾濫を引き起こし、それらは災害となってたびたび人々を襲いました。江戸時代は「山地荒廃の時代」あるいは「森林荒廃の時代」といえます[1]。以降、日本は20世紀前半まで、山地で生産された土砂が河川に流出し続け、海岸に土砂を供給し続ける国土となったのです。幕府は「土砂留奉行」や「土砂留方」を任命して土砂留め工事や砂溜め工事を進めるとともに、熊沢蕃山ら儒学者たちからの「治山・治水」の進言を受け入れて、例えば1666年の「諸国山川掟」のような、要所での伐採禁止や植林の奨励を布告しました。このように森林が極めて貧弱な時代には、土砂崩壊・流出の防止にも洪水の緩和にも森林は極めて有効だったのです。

そこで幕府や各藩は、今日の保安林制度につながる留山（とめやま）や留木（とめき）の制度を制定し、特定の山林や樹種を指定して伐採を制限したり禁止したりしました。海岸では飛砂害防止のために海岸林を造成しました。

日本の森林が史上最も劣化・荒廃した明治中期

明治維新前後の混乱は森林・林業政策にも影響を及ぼし、森林は乱伐される状況にありました。そのため明治時代初頭も土砂災害や水害が続き、内務省では土砂災害から住民の生命・財産を守ることを直接の目的とした砂防工事（県が主体）が開始されました。一方、明治政府の森林政策は、藩有林の官林化（内務省所管、府県が管理）と土地官民有区分による村持山の官林編入で始まりました。明治10年（1877年）代には山林局を設置して官林を国の直轄管理とし、さらに農商務省を設置して同省山林局の下で森林資源を充実させ、国家財政の基盤強化に協力する方針で進められました。これはドイツの政策に見習ったといわれます。

その後、明治維新の混乱が落ち着くと、近代産業が勃興し、人口が急増して都市が発達しました。この時期の産業用の燃料は、相変わらず薪炭（しんたん）に頼っていたため、建設資材や燃料材確保の必要性から森林伐採への圧力がいっそう高まりました。一方で農村での里山に依存した農業生産システム自体は変わりませんでした。その結果、明治中期は日本の森林が史上最も劣化・荒廃した時期と推定されます（**写真1、2**）。

写真1■ 多摩川源流部（山梨県）における明治時代後期の山地の景観。ほとんど草山で樹木は尾根部にわずかに見える程度（写真:東京都水道局水源管理事務所）

折から1896年の大水害を契機として、国土保全政策としてよく知られる治水三法（河川法・森林法・砂防法）が成立します。山地・森林の保全は、砂防法に基づく内務省の砂防事業と森林法に基づく農商務省山林局の保安林制度および営林監督制度で対応することが確定。1911年の第1期治水事業の開始によって本格的に実施されるようになりました。これを契機として日本の森林はようやく回復に向かうことになります。

一方、森林・林業政策に関しては、1897年に官林と官有林野を併せて国有林とし、99年には国有林野法を成立させて境界確定・大規模造林・施業案編成（森林施業計画の作成）等を実施する国有林野特別経営事業が開始されました。このうち大規模造林政策は、国有林化された里山薪炭林などにスギ、ヒノキ、マツなどを植栽して資源の充実を図る「資源

写真2■ 1912年頃の滋賀森林管理署立石国有林（滋賀県野洲市）の状況（写真:滋賀森林管理署）

政策」で、奥山天然林の大面積を皆伐して跡地を人工林化する、戦後の拡大造林政策につながるものです。民有林でも森林組合（強制加入）を組織して同様の指導が行われました。

こうして明治政府による近代の森林・林業政策は、国土保全と森林資源充実を目的に進行しました。しかし、たび重なる戦争、特に第二次世界大戦時代の乱伐によって期待通りの目的を達成できず、国土の荒廃は戦後に引き継がれ、１９５０年代前後の土砂災害や水害の多発の原因となるのです。

戦後社会では森林の蓄積が増加

戦後の森林・林業政策は、本州以南の国有林や北海道の国有林（内務省管轄）、御料林を併せて管理するいわゆる「林政統一」で始まりました。さらに51年に森林法を改正して森林計画制度を創設。保安林制度も保安施設地区制度を加えるなどして拡充しました。こうして、保安林制度・森林計画制度・森林組合制度（任意参加に変更）を３つの柱とする新しい森林・林業政策が始まりましたが、基本的には従来の林政を継続したといわれます。また、この頃の林業政策は天然林の伐採による増産と将来の木材需要の増加を見込んだ拡大造林の推進でした。

しかし、その後の日本社会は科学技術の発展、地下資源の大量投入、大規模開発・列島改造、人口急増・都市の発達、高度経済成長、さらには経済のグローバル化等によりこれまでに経験したことのない劇的な変化を遂げました。山地・森林・林業を取り巻く状況も劇的に変化し、林業界はその変化に翻弄された感があります。

まず、拡大造林政策によって千万ヘクタールの規模に達した人工林ばかりでなく、里山二次林も含めた全ての森林がその後は伐採されずに成長し、森林資源は数百年前の蓄積にまで回復しました。これには砂防・治山技術の発達、治山・治水関係予算の増額による関連事業の拡大、自然保護運動の圧力などが影響しています。他にも、化学肥料や農業機械を用いるようになった農業の変化、石炭や石油、天然ガスなどの化石燃料の使用が一般化したことにより、里山農用林・薪炭林が伐採されなくなったことも大きいです。

加えて、戦後の人口の急増による住宅建設やその後の都市建設・大規模開発による木材の需要急増対策として、国産材増産計画とともに打ち出された外材の輸入が拍車を掛けます。いち早く自由化された影響もあって材価が安く、大量に輸入され続けた結果、成長した人工林への伐採圧力が減退して林業が不振に陥りました。

林業界にはさらに大きな困難が降りかかります。20世紀前半までの社会では、森林資源は社会が必要とする食料以外の資源の大半を占めていました。他には土と石材とわずかな鉄があっただけで、建設資材や家具材、道具の材料、燃料材などほとんどの資源は森林資源だったのです。しかし、20世紀後半になってから鉄鋼やセメント、石油製品など、木材の「代替材」と呼ばれる資材や化石燃料が木材に取って代わりました。さらに公共建築物や大型建造物の鉄筋コンクリート化や住宅の洋風化、耐火構造化も進みました。１９７０年代以降に林業が不振に至る主な原因です。現在では木造住宅で使われている木材の量は、建築資材全体の2割にも満たないということです。

これらによって日本の森林全体の蓄積は、戦後増加の一途をたどりました（**図3**）。

林業の経済政策を優先した林業基本法

20世紀前半までの日本では、木材の需要量は常に供給量を上回っていました。つまり貧弱な木材資源を充実させることが林業政策の全てでした。木材は生産されれば引き取り手は幾らでもあったのです。20世紀後半に入ると、先述したような木材需要の変化があったにもかかわらず政府は都市開発、列島改造、高度経済成長による木材の需要増加を見込んで、林業政策面で大きな転換を図りました。

既に述べたように、1950年代から本格化していた奥山での大面積皆伐による木材生産、その跡地へスギ、ヒノキ、カラマツ等を植栽する「拡大造林」は、増加する木材需要を意識したものでした。当時はそれでも需要

図3■ 戦後日本の森林蓄積の推移

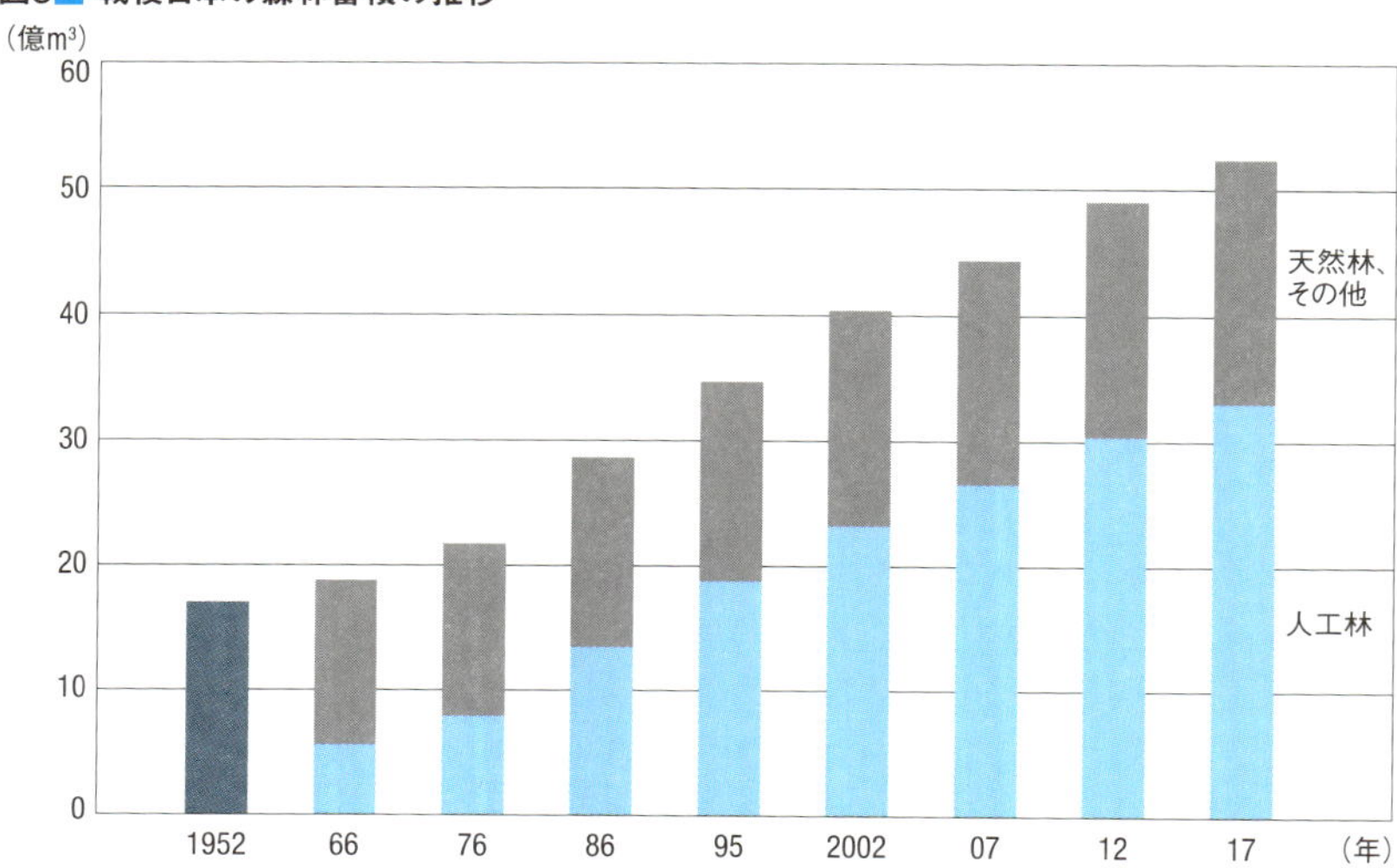
（億m³）
60
50
40
30
20
10
0
1952
66
76
86
95
2002
07
12
17
（年）
天然林、その他
人工林

1966年だけ年度。1976～2017年は各年3月31日の数値（資料:林野庁「森林資源の現況」）

を賄いきれず、伐採する森林もなくなっていたので、輸入材にも頼ったのです。他産業の高度成長に後れを取った林業界は、「森林・林業政策の基本は、林業の主体である農家林家の経営構造を改善強化して、彼らの所得の向上を図ることである（林業構造改善事業）」として、1964年に「林業基本法」を制定し、成長産業の後を追いかけました。林業政策をこれまでの資源政策から経済政策に転換させたのです。

しかし間もなく、外材の大量流入や天然林資源の枯渇、伐採跡地での土砂災害の多発、賃金の上昇等により林業の不振が始まりました。そこで83年には地域林業政策を打ち出します。また91年には、全国を44の広域流域と158の流域に区分し、生産・加工・流通に筋道をつける「流域管理システム」という政策（水循環に関わる流域管理とは関係ありません）を展開し始めました。さらに、林業の活性化は公益的機能を高めるとして、公共事業で造林を補助する政策を強化しました。しかし、目に見えた成果は得られなかったばかりか、国有林野特別会計に膨大な赤字を生み出してしまいます。日本社会は既にこの頃、埋蔵量が豊富な石炭や石油、鉄鉱などの地下資源に依存する社会に変化してしまい、森林資源は資源の主役から退いてしまったのです。

地球環境時代の到来と森林・林業基本法

現代の人類が享受する豊かな物質文明は、20世紀後半の科学技術の飛躍的発展と地下資源の大量利用によってもたらされたものです。その反動は1960年代に公害となって現れ、70年代には土壌や水域の汚染、貴重な生物の絶滅といった地域環境問題、そして80年代後半には熱帯林の消失やオゾン層の破壊、地球温暖化などの地球環境問題として人々に認識され始めました。

山地・森林に関しても、奥山での拡大造林に対する疑問や各種開発による自然破壊問題、地球温暖化防止対策における議論などを経て、90年代には森林の環境保全機能への期待が高まりました。考えてみれば自然環境の構成要素である森林（植生）はもともと、水保全や土壌保全などの環境保全機能を有しており、森林を林業の対象としてのみ取り扱う森林管理は適切な管理方法ではありません。

折から、積年の赤字の解消と引き換えに行われた国有林の抜本的改革に関する議論が、林業基本法の改定の議論と結び付いて、地球環境時代にふさわしい基本法として「森林・林業基本法」を制定しました（**図4**）。2001年に地球環境時代にふさわしい基本法として「森林・林業基本法」を制定しました。森林の適切な整備・保全の目的は、森林の多面的機能の持続的な発揮であるとした上で、木材生産機能は多面的機能の中の最も重要な1つであり、林業生産活動の継続が森林の適切な管理を可能にするとされました。そして、地球温暖化防止のための温室効果ガス排出削減対策の一部を代替する「森林吸収源対策」という国際的課題の解決に資するとして、公共事業としての造林（間伐）助成制度を拡大しました。

また、森林・林業基本法の制定と同時に森林計画制度を変更し、市町村森林整備計画の中で計画の対象となる森林について重視する機能によってゾーニング（地域区分）して、それぞれの森林にふさわしい整備を行うことになりました。また、林業の担い手として、林家・森林組合・素材生産業者の中から林業事業体を育成し、森林所有者と共に林業事業体も森林施業計画を作成し、森林を整備することにしました。森林・林業政策における市町村の役割については、林業基本法の時代に地域林業政策が初めて打ち出されて以降、地域の主体として森林計画制度の中で重視されるようになっていましたが、ここでその役割が林業関係ばかりでなく、森林の整備全体に及ぶことが明確になりました。

その後も国民のニーズの多様化を受けて、花粉症対策や国民参加の森づくり、森林資源の育成方式の多様化（育成単層林・育成複層林・天然生林）、国有林と民有林の連携促進など多角的な施策を打ち出しました（06年基本計画）。また、二酸化炭素の排出削減に関する京都議定書に基づくマラケシュ合意（01年）を受けて、森林吸収源対策がいっそう進みました。一方木材生産・利用面では、資源が充実したものの依然として林業生産活動の不振が続きます。木材の需要構造の変化を受けて「国産材利用拡

図4　森林・林業基本法の基本理念

森林・林業基本法（基本理念）

森林の有する多面的機能の発揮	林業の持続的かつ健全な発展	
（基本的な施策）		
森林の有する多面的機能の発揮に関する施策	**林業の持続的かつ健全な発展に関する施策**	**林産物の供給および利用に関する施策**
・森林の整備の推進 ・森林の保全の確保 ・技術の開発および普及 ・山村地域における定住の促進 ・国民などの自発的な活動の促進 ・都市と山村の交流など ・国際的な協調と貢献	・望ましい林業構造の確立 ・人材の育成および確保 ・林業労働に関する施策 ・林業生産組織の活動の促進 ・林業災害による損失の補填	・木材産業等の健全な発展 ・林産物の利用の促進 ・林産物の輸入に関する措置

森林および林業に関する施策の総合的かつ計画的な推進

森林・林業基本計画	・森林・林業に関する施策についての基本的な方針 ・森林の有する多面的機能の発揮ならびに林産物の供給および利用に関する目標 ・森林および林業に関し、政府が総合的かつ計画的に講ずべき施策

（資料：林野庁「森林・林業基本計画の概要」、2006年）

大による林業・木材産業の再生」を打ち出しましたが、成果は上がりませんでした。

森林整備の具体的施策として「森林吸収源対策」が組み込まれたことは、当時の森林・林業政策の大きな特色となりました。その政策学的・経済学的評価は別として森林吸収源対策が日本の地球温暖化防止対策の主役を演じることになり、課題となっていた手入れ不足の人工林での間伐対策が進んだのも事実です。

さらに09年末に、政府は「森林・林業再生プラン」を発表しました。時の民主党政権のコンクリート社会から木の社会への転換を目指す政策とすり合わせて発表されたものです。今後10年間に、効率的かつ安定的な林業経営の基盤づくりを行うことによって木材の安定供給と利用に必要な体制を構築。森林・林業を早急に再生し、林業・木材産業の地域資源創造型産業への再生を図るとともに、人工林での10年後の木材生産目標を木材自給率50%以上とする目標を掲げました。

具体的には、林業事業体による森林経営の集積化と森林施業の集約化を鋭意進めるとともに、森林施業計画に替わる森林経営計画の普及・定着、木質バイオマス利用の仕組みづくり、公共建築物の木造化などの施策を掲げました。また、川中・川下を含めたサプライチェーンの構築と国産材利用を国民に向けて呼びかけるキャンペーンを本格的に開始するようになりました。

竹林の繁茂や花粉症のまん延などの新たな問題

日本の森林は400年ほど前の蓄積量にまで回復しているとみられます。この事実は林業が不振であることを除けば基本的には喜ばしいことですが、影響は様々なところに現れており、手放して喜べない状況もあります[1]。

その第1は生態系そのものに関わる状況です。まず、クヌギやコナラなどの里山二次林はほとんどが放置されたままとなって下層植生が繁茂し、人の入り込みを拒否しています。また成長したコナラ林などではナラ菌と呼ばれる病原菌を媒介するカシノナガキクイムシの虫害も発生しています。内陸の痩せ地や海岸に広く分布していたマツ林では広葉樹が育ち、一方でマツ材線虫病のまん延もあってマツ林は概して劣化しているように見えます。

さらに本来の樹種である照葉樹が勢いを増し、里山の雑木林の樹種構成が変化しています。それに拍車を掛けているのが竹類の繁茂です。江戸時代に移入された孟宗竹（もうそうちく）を中心に、近年竹林では適切な管理が放棄され、温暖化の影響もあって各地で里山の景観を変えるほどに勢力を広げています。その上で農山村での過疎化も影響して、シカ、イノシシ、さらにはクマやサルによる獣害が目立つようになりました。今日、里山は「奥山化」したといえるでしょう。

人工林の様相も大きく変わりました。拡大造林時代に造成されたスギ、ヒノキ、カラマツ等の一斉林の大部分はいわゆる標準伐期齢を超えて成長し、逆にそれらが伐採されないため新たに植栽する場所がなく、幼齢林はほとんど見られません。また、間伐促進対策が実施されて久しいのですが、依然として未間伐林分が解消されていません。さらに成熟した人工林は盛んに花粉を飛ばし、毎年春になると人々は花粉症対策が必須となりました。近年花粉の少ない苗木が生産されて植栽され始めましたが、伐採が進まないと植え替えられないため、根本的な花粉症対策は進んでいません。

表層崩壊の激減と土石流の変化

一方、森林の復活による最も大きな影響は、山地における侵食様式の変化でした。すなわち、主にはげ山や林間の裸地、山間の耕地で発生する表面侵食は、ヒノキの人工林などで未間伐な部分やシカの食害で林床植生が消滅した部分を除くと、ほとんど起こらなくなりました。また表層崩壊は、斜面表層の1、2メートル程度の風化土壌層が地表面から浸透する降雨の作用や地震の振動で崩れるもので、はげ山や幼齢林地で発生することが多いのですが、壮齢林では樹木の根系の作用によって発生し難くなるため、平成時代には目に見えて減少しました。

土石流も発生形態が変化しているように見えます。森林が劣化していた時代に起こった豪雨による土石流の大部分は、1次谷（常時表流水がある最上流の谷）内の数個の表層崩壊が集合して発生していました。一方、森林が回復した平成時代に入ると、谷頭などで単独で発生した表層崩壊が土石流化する場合が多くなりました。豪雨の規模の増大化によって、多量の水が山腹から流出して崩壊土砂に加わるようになり、小崩壊でも土石流化する場合が多く見られるようになった結果と推測されます。このような理由によって、表層崩壊が減ったにもかかわらず、土石流の発生はそれほど減少していないようです。

こうした状況は山地での流木の発生にも大きく影響しています。すなわち、山地での流木の発生の大部分は、表層崩壊地の立木が崩壊土砂とともに流出することにより発生するので、先述した土石流の発生様式の変化とは、「表層崩壊は必ず流木を発生させる」と考えた方がよくなったことを意味します。

森林の充実で河川も海岸も変貌

山地での森林の回復と表面侵食の消滅、表層崩壊の減少は、土砂が流出する下流河川や砂浜海岸にも思わぬ影響を及ぼしました。既に昭和時代後期から河川ではダムや取水堰による土砂の捕捉・砂利採取等によって、河床低下や河床変動の減少が見られていました。加えて、山腹斜面や渓流、河岸からの土砂流入量が減少したことの影響も大きく、平成時代には特に低水敷での河床低下と高水敷の乾燥化が進行しました。その影響は堤外地（堤防より川側の範囲）の生態環境を変え、草本や灌木（かんぼく）、ヤナギ類の他、ニセアカシアなどの高木さえ侵入するほどになっています。

昭和時代中期に比べて、河川の生態系や景観はすっかり変わってしまいました。また、かつて河口閉塞が盛んに起こっていた河口付近でも土砂の堆積は減少し、浚渫（しゅんせつ）や突堤建設の必要性が低下しているように思われます。

一方海岸では、全国的に侵食が進行しています。かつてその原因は河川でのダム等の建設や砂利採取の影響による流出土砂の減少の他、港や防波堤・突堤の建設による沿岸での潮流の変化によるとされていました。筆者はむしろ山地での渓流・河川への流入土砂量の減少が、海岸侵食の激化の主因であると確信しています[1]（写真3）。

森林は水源涵養機能を十分に発揮

日本の森林の成長・蓄積の増加は、当然のことながら流域の水循環を変化させました。森林が上流部にしか存在しない大河川では目立ちませんが、中小河川での洪水流出ではピーク流量や直接流出量の低下傾向が見られます。もちろん、これらは相当慎重な水文観測によって初めて明らかになるもので断定はできません。また、渇水流量も低下している可能性があります。総じて現在の森林は、昭和時代前期までと比較すると、洪水の緩和、水資源の涵養(かんよう)、水質の浄化などいわゆる森林の水源涵養機能を十分に発揮していると考えられます。

一方で温暖化の影響で豪雨の規模が大きくなっていることを考えると、豪雨後もしばらくは山腹斜面土層中に大量に貯留された雨水が流出し続けるので、豪雨の終了後も比較的長時間にわたって山腹崩壊や地すべり、土石流、ため池の水位上昇などを警戒する必要がありそうです。また、森林の成長による蒸散・遮断蒸発の増加や日本の年平均降水量の低下傾向も考え合わせると、渇水の被害の深刻化も懸念されます。

1954年
口絵D
2008年

写真3 小田原市の海岸線の後退状況。同市内にある御幸の浜は、砂の供給が減り、石だらけの浜に(下)(写真:「おだわら無尽蔵プロジェクト・環境(エコ)シティ」のパンフレット)

なお、森林による洪水ピーク流量の緩和は林地での雨水の浸透を妨げなければ発揮されるので、森林を伐採しても地表面のかく乱がない限り効果を発揮します。また森林の伐採は蒸発散量の減少を意味するので水資源確保上も有利です。従って、成長した森林では適切な森林管理の下での林業による伐採行為は、産業面でも水源涵養の面でも有効であると言えます。

森林の多面的機能と森林・林業

森林・林業基本法と森林の多面的機能

森林が木材生産の他にも山地災害の防止や水源の涵養（かんよう）などの面で、社会にとって有益な機能を持っていることは、昔から日本人にはよく知られていました。これらの社会的機能は、林業基本法を制定した1960年代には「公益的機能」と呼ばれていました。林業が盛んになれば、結果として人工林の手入れが行き届いて森林の保全や山村の活性化が進み、これによって公益的機能も向上するとされていました。経済性と公共性は両立するという考え方（予定調和論）です。

しかしこの時代には、大ダムの建設に始まる山地開発ばかりでなく奥山での大面積皆伐やスーパー林道の建設等による土砂崩壊・水質汚濁への批判が殺到し、貴重な動植物の保護に対する危機意識が高まりました。さらに80年代後半からは地球温暖化に対する懸念も加わって、従来の公益的機能に加えて野生生物の保護や地球温暖化防止も含めた森林の環境保全機能に対する要望が国民の間に広まりました。また、国有林などの森林管理の現場でも70年代後半頃から国土保全や水保全、動植物の保護などを重視する機運が高まっていました。

一方で林業界では、主に木材価格の長期低落による森林所有者の経営意欲が減退していきます。間伐の遅れや伐採後の再造林の放棄などが目立つようになり、これまでの森林・林業政策では払しょくできない事態が生じるようになりました。2001年制定の森林・林業基本法はこのような事態に抜本的に対処するために成立したものです。

同法では、森林の適正な整備・保全の目的は森林の多面的機能を持続的に発揮させることであり（第2条）、そのためには林産物の適切な供給および利用の確保によって林業生産活動が継続的に行われることが重要である（第3条）としています。そして森林の多面的機能を「国土の保全、水源の涵養、自然環境の保全、公衆の保健、地球温暖化の防止、林産物の供給等の多面にわたる機能」と定義しました。ここで注目したいのは林産物を供給する機能を多面的機能の1つとし、木材生産機能を特別視していない点です。

国連のミレニアム生態系評価とほぼ一致する「森林の原理」

森林・林業基本法の制定に関連して日本学術会議は01年に、当時の農林水産大臣の諮問に応じて「地球環境・人間生活にかかわる農業及び森林の多面的な機能の評価等について」を答申しました（**図5**）[2]。

このうち「森林の原理」は、詳しくは「森林と人間の関係に関する『森林の原理』」というもので、環境、文化、物質利用の3つのサブ原理から成り、「多面的な機能の種類」の①～⑤、⑥と⑦、⑧がそれぞれほぼ対応します。さらにこれらは国連のミレニアム生態系評価で04年に提案された「生態系サービス（生態系によって人類に提供される資源と公益的な影響）」の調節サービス、文化サービス、供給サービスとほぼ一致しています。森林の適切な管理とは物質生産機能（林産物供給機能）とその他の環境保全機能等とを共にバランスよく発揮させることといえます。

また、上記の各機能を議論

図5■ 日本学術会議が答申した森林の多面的機能

2.森林の原理:森林（植生）の最も基本的なはたらきは、自然環境の構成要素としてのはたらきである（環境原理）。しかし、人々が身近な森を利用し、生活を向上させてきたことも自明であり、昔から森は目いっぱい利用された（物質利用原理）。さらに、かつての森の民・日本人にとって、森が日本の精神・文化、すなわち日本人の心に影響を与えたこともまた当然と言える（文化原理）。

3.森林の多面的な機能の種類と意味:最も根源的な森林の機能として、人類そのものが森林を舞台とした生物進化の所産であることの意味まで含む①生物多様性保全機能がある。森林の本質である環境保全機能としては②地球環境保全機能、③土砂災害防止機能／土壌保全機能、④水源涵養機能、⑤快適環境形成機能がある。日本人のこころにかかわるものとしては、⑥保健・レクリエーション機能、⑦文化機能がある。さらに、⑧物質生産機能（林産物供給機能）は森林の本質的機能であるが、その利用は環境保全機能等とトレードオフの関係にあり、異質の原理に基づく機能といえる。

4.森林の多面的な機能の特徴:森林は極めて多様な機能を持つが、個々の機能には限界がある。森林の多面的機能は総合的に発揮されるとき最も強力なものとなる。さらに森林の多面的機能は、他の環境の要素との複合発揮や、重複発揮性、階層性等の特徴を持つ。

「地球環境・人間生活にかかわる農業及び森林の多面的な機能の評価等について」から抜粋。一部を加筆した
（資料:日本学術会議）

する際に忘れてはならないのは「森林の多面的機能の特徴」の指摘です。特にそれぞれの機能を単独に取り上げて議論する場合に出てきた結論で、直ちに森林の存在そのものに評価を下すことは避ける必要があります。例えば、流木災害の原因になるからといって、渓流の周りの森林を除去することは、渓流生態系を保全する森林の機能を犯すことになり、森林の機能の多面性を正しく評価していないことになります。

7つの機能から見る現代の森林問題

森林は多面的機能を持っているので、各々の機能に関する森林の現状をチェックすれば現代の森林問題が浮かび上がります。

①生物多様性保全機能に関しては、シカやサルによる絶滅危惧種や希少種への食害の発生、開発等による生息域の破壊と縮小、地球温暖化による生息域の変動などの問題があることが分かります。特にシカの食害の激化が深刻です（写真4）。

②地球温暖化防止機能については、国際的には森林吸収源対策の履行が課題です。長期的には森林の適切な循環利用、伐採後の森林バイオマス全体のカスケード型利用などの課題が挙げられます。

③土砂災害防止機能／土壌保全機能についての現下の課題は、シカの食害地およびヒノキやスギの未間伐林における林床の裸地化に伴う豪雨時の表面侵食ですが、17年の九州北部豪雨などに

おける激甚な流木災害や北海道胆振（いぶり）東部地震における表層崩壊の多発を受けて、「災害に強い森づくり」が緊急の課題になってきました。しかし、極端豪雨や巨大地震・津波などは日本列島の位置と成り立ちに起因する大規模な自然現象ですので、植物体の集団である森林の力だけでこれらの現象に立ち向かうには限界があるのも事実です。森林の問題というよりも山地地区での自然災害をどう軽減するかという視点で砂防事業、治山事業、消防・水防・防災業務（市町村行政）、気象業務、そして住民が一体となったハード対策とソフト対策で対応することになるでしょう。

④水源涵養機能については従来と異なり、成長した森林が水資源を消費する問題が指摘されています。水源林のうち持続可能な木材生産が可能な部分については積極的に適切な木材生産を行い、森林の水消費を減らす維持管理が必要と思われます。

⑤快適環境形成機能の中にいわゆる防災林の諸機能を含めるとすれば、海岸防災林の維持管理の問題があります。海岸防災林は11年に起こった東北地方太平洋沖地震の際の巨大津波で、宮城・岩手・福島の3県を中心に東北地方の海岸林が壊滅的な被

写真4■ 左はシカによるスギ人工林の剥皮被害。右はエゾシカによる広葉樹の樹皮食害　（写真:林野庁）

害を受けたことで注目されました。全国の海岸防災林ではマツ材線虫病（マツ枯れ）による被害と広葉樹の侵入によるマツ林の劣化、さらには過密になったマツ林の本数調整伐（間伐）の問題が起こっています。海岸防災林の植栽が進んでいる被災跡地などでは、植栽完了後の適切な維持管理体制の確立が望まれます。

他にも、⑥保健・レクリエーション機能では、都会で暮らす人に健康回復と癒しの機会を提供する森林セラピーの普及という課題、⑦文化機能では城郭や社寺など伝統的建造物の改築・補修などに供する大径木や檜皮、漆などの生産という課題もあります。

以上の7つの機能の中でも、01年の日本学術会議による答申で詳説しており、本書でも特に関係が深いのは、「③土砂災害防止機能／土壌保全機能」と「④水源涵養機能」です。この2つを詳しく解説します。

山地災害の中で最も深刻なのは土砂災害です。落葉落枝層（A_0層）や林床植生が健全な森林では、豪雨があってもほぼその全量を地中に浸透させて地表流を発生させず、表面侵食を確実に防止することが重要です。しかし、伐採により地表がかく乱された場合や林床植生がシカの食害を受けた林地、あるいは間伐されず林床が裸地化したヒノキ林などでは地表流が発生して表面侵食が起こってしまいます。

地表からの浸透水による間隙水圧の増加や地震の慣性力によって風化土壌層が崩れる表層崩壊は、森林が成長するとその樹木の根系の先端が基盤岩やその弱風化層に食い込む「杭効果」や、隣接木の根系同士が絡み合う「ネット効果」によって大幅に減らすことができます。また、土石流は表層崩壊による崩落土砂に表流水や地下水が加わって発生することが多いので、森林は表層崩壊を減少させることによって土石流の発生も減らせることになります。

しかしながら森林には、基盤岩そのものや厚い堆積土層が崩れる深層崩壊の発生、さらには地すべりの発生を防止する効果はほとんど認められません。また表層崩壊であっても豪雨の規模が極端に大きい場合や震度7クラスの地震の直撃に対しては防止軽減効果にも限界があります。

一方、森林が劣化して裸地化した山地斜面と比較して健全な森林山地が水源涵養機能を発揮する最大の理由は、落葉落枝層（A_0層）や林床植生が豊かな〝健全な〟森林土壌層が雨水を地中に浸透させて、裸地斜面で発生する地表流を流速の遅い地中流に変えることにあります。すなわち地表流が地中流に変わると山地斜面に降った雨が河川に流出するまでの時間が長くなり、洪水流出ハイドログラフのピーク流量が低下し、ピーク流量発生までの時間が遅くなり、さらに減衰部が緩やかになります。主に健全な森林土壌が発揮するこの機能を森林の洪水緩和機能と呼んでいます。そして、河川流出におけるこの変化は直接流出成分の一部が基底流出成分に変わることを意味し、水資源貯留効果を発揮することにつながります。あるいは洪水流出として無駄に海洋に排出される流量をゆっくり流出させて水利用の機会を増やすことにもなります。これは見方を変えると、流量を調節しているということもできます。

さらに、健全な森林に到達した雨水は森林土壌を通過し河川に流出する間に土壌のろ過作用や緩衝作用、土壌鉱物や基盤岩からのミネラルの添加、飽和帯での脱窒作用などを受けて水質が改善され、あるいは清澄なまま維持されます。これは水質浄化機能といわれています。

一方で極端な渇水が発生すると森林は蒸散作用によって通常は河川に流出するはずの水分を消費するので渇水流量を低下させてしまうことも知られています。また、成長した森林は遮断蒸発と蒸散作用の両方で大量の水を消費するので、この場合は伐採や間伐により主に樹冠の葉量を制限することが水資源利用上有利です。

現代の林業問題

かつて全国的に劣化していた日本の森林は過去70年ほどの間に急速に回復し、その蓄積は既に十分です。人工林のみを考えても伐採可能な森林（11齢級以上）は全人工林面積のほぼ半分に達し、天然林を含めた総蓄積は約52億㎥（２０１7年）、年成長量は７０００万㎥（人工林４８００万㎥）に達しています。しかし、奥山に拡大し過ぎた人工林を縮小する政策（針広混交林化）は途上ですし、人工林として維持する部分では齢級構成が極めていびつになっていて、将来の循環利用を考えた場合、その修正が必要です。

林業不振の根本原因は、60年代以降に代替材と化石燃料が木材に取って代わったことと外材の流入です。旧開発途上国の近年の発展で木材の国際的需要が増加し、外材の供給にわずかに陰りが見られるとともに、木材加工技術の進歩とエネルギーとしての新たな需要の開拓という需要動向の変化で、国産材自給率は36％程度（17年）まで上昇しています。ただし、国産材供給量は３０００万㎥程度でまだ十分ではありません。

そのような中で森林・林業界は林業の振興に向けて努力をしてきました。しかし林業基本法の時代から展開されてきた諸施策については、「森林計画制度の強制と補助金支給を通して事実上全国一律に短伐期一斉林を造成したが、結果的には破たんした」「無理な増産を継続して天然林を消滅させ、さらに外材に対抗して赤字経営を続けて国有林を破たんさせた」「林道整備が天然林開発向きであり、人工林を生かす方に向かっていなかった」などの厳しい評価も出ています[3]。1980年代以降、次第に重視されるようになった間伐対策についても、「森林吸収源対策による補助金は切り捨て間伐を助長したし、2011年以降の利用間伐に傾斜した木材生産政策も需要動向の変化に対応できず一部で供給過剰を生み出し、材価低迷の一因となりました。そして、何よりも間伐対策に見られる補助金頼りの林業政策は林家や森林事業体のイノベーションを起こす意欲をそぎ、市場メカニズムの健全な働きを阻害している」との厳しい評価も見られます。

さらに近年までの川中や川下とのつながり、すなわち木材産業界・流通業界あるいは住宅メーカー・工務店、建築家等との連携や、消費者・国民の動向の把握が不十分だったことも影響して、現代の林業の不振、山村の衰退、その結果として森林管理上の諸問題が発生してきたと総括できます。

加えて近年、木材加工業界に大きな変化が起こりました。従来の合板やパーティクルボードに加えて、集成材、ＬＶＬ（単板積層材）、ＣＬＴ（直交集成板）などが次々に開発（**写真5**）。木材が容積で評価される原材料となり、同質材を大量に確実に供給することが望まれるようになりました。また建築業界では住宅の洋風化が一段と進み、在来工法の木造住宅の分野ではプレカット加工が急速に増加しました。さらに2000年代に入ると木材チップやペレットなどを含めたエネルギー利用が注目され、その原料が樹木の未利用部位や林業・木材産業の過程で発生する林地残材・端材などに拡大しました。

しかしながら林業界はこれらの変化に的確に対応できませんでした。特に森林所有者の収入の基礎となる山元立木価格（林地に立つ樹木の価格）の長期低迷は彼らの林業への意欲を失わせ、間伐・枝打ちなどの保育や伐採後の再造林が放棄されているだけでなく、林業経営が放棄されたために境界不明の林地が増加しました。さらには不在村森林所有者（所有する森林と別の市町村に居住している人）が増加するなどして、所有者不明の森林が続出するまでに至っています。当然のことながら林業労働者の減少・高齢化が進み、地元の製材所が廃業するなど、従来の林業システムが機能しなくなっています。

また、このような林業の不振と山村の過疎化・高齢化は獣害の一因といわれています。特にシカによる新植地での幼齢木の食害は深刻で、その保護対策とシカの駆除を進めていま

写真5■ 左は2016年の春に完成した「高知県森林組合連合会事務所ビル」。床・壁・屋根などはCLTを用いた木造の混構造だ。右は歩行者専用橋の床版（上載荷重を直接受ける部材）にCLTが使われた例
（写真：日経アーキテクチュア、日経コンストラクション）

すが、その成果は不十分です。近年各地で発生している温暖化が原因と思われる異常豪雨や暴風・竜巻などの極端な気象現象による林木の災害も深刻です。「災害に強い森づくり」のみの対策では不十分で、林業地においても治山・砂防事業の促進や森林保険の拡充など総合的な対策が望まれます。

持続可能な社会と今後の森林管理

SDGsと親和性が高い森林・林業

地球温暖化や生物多様性喪失などの地球環境問題を人類社会全体の問題と捉えて、ブラジルのリオデジャネイロで1992年に国連環境開発会議（UNCED）が開催されました。それ以降、「持続可能な社会」の構築は人類共通の目標として認識されるようになりました。国連ではその後、2000年の国連ミレニアムサミットでミレニアム開発目標（MDGs）が策定され、15年の国連サミットでは持続可能な開発目標（SDGs）が採択されました。MDGsが主に発展途上国の開発目標であったのに対し、SDGsは先進国も含めた全人類が〝誰一人取り残されない〟持続可能な社会を実現するために、30年に到達すべき17の国際目標を示しています（図6）。

具体的には各国がそれぞれ2030年という「将来の時点」に達成すべき目標を自国の法律で定めて（原則的には京都議定書やパリ協定のような国際協定を結ばない）、目標にどれだけ近づいたかを毎年国連に報告。それを国際機関が評価することになりました。従来のようにどれだけ前進したかでなく、どれだけ目標に近づいたかで評価されます（バックキャスティングと呼ばれ、目標が先延ばしされなくなります）。

また、17の目標はどれもつながっていることが強調されており、いわゆる縦割りを排することが求められるのです。地方が取り組みを進めやすいことから、日本では「地方創生」の施策と結び付けられています。

このようにＳＤＧｓは各国の政府が主導し、全てのセクターが参加する活動です。並行して世界の機関投資家の間では、投資先の企業の活動を財務情報だけでなく環境、社会、ガバナンスの観点から評価する考え方（ＥＳＧ投資）が急速

図6 SDGs（持続可能な開発目標）—2030年の時点で達成すべき世界目標

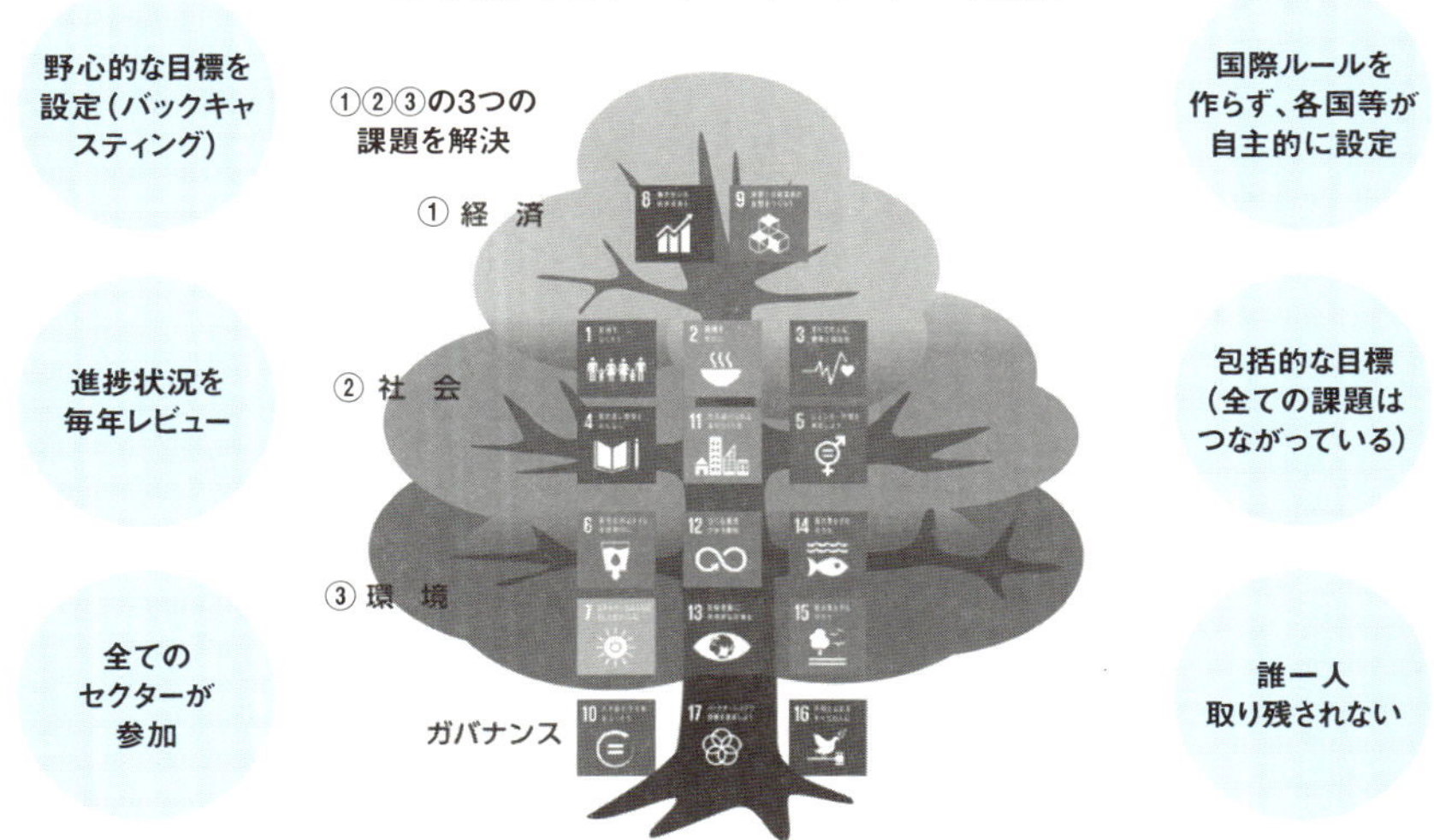
17目標、169ターゲット、232（244）指標
野心的な目標を設定（バックキャスティング）
進捗状況を毎年レビュー
全てのセクターが参加
①②③の3つの課題を解決
① 経 済
② 社 会
③ 環 境
ガバナンス
国際ルールを作らず、各国等が自主的に設定
包括的な目標（全ての課題はつながっている）
誰一人取り残されない

2017年度版環境白書の資料に加筆

に広まっており、投資を呼び込みたい企業にとってＳＤＧｓへの協力はその評価を高めることになるので、多くの企業が関心を持つようになりました。17の目標の中には「陸域生態系の保護、回復、持続可能な利用の推進、持続可能な森林の経営、砂漠化への対処、ならびに土地の劣化の阻止・回復及び生物多様性の損失を阻止する」という森林に関する目標15が入っています。

一方日本の森林・林業政策面では、森林・林業基本法に基づく森林・林業基本計画が策定されて以降、この理念の実現に向けて施策が実行されてきました。同基本法が示す継続的な林業生産活動を含む森林の適切な整備と保全、それによる「森林の多面的機能の持続的発揮」はＳＤＧｓの目標15の「持続可能な森林の経営」そのものであり、基本法の理念はＳＤＧｓに照らしても適切であったといえます。

それでも先述したように、森林の多面的機能の発揮を支えるべき林業・木材産業の現状は森林・林業再生プラン以降も著しく好転しませんでした。そこで林野庁は16年の森林・林業基本計画で、林業界は国産材の供給が不安定で、木材産業界も消費者・実需者の求める品質・性能の製品供給が不十分であるとして、森林施業および林地の集約化、主伐・再造林対策の強化等による原木供給力の増大や、川上と川中・川下のマッチングの円滑化などによる「林業・木材産業の成長産業化」を掲げました。そして、面的なまとまりをもった林業経営促進による原木の安定供給体制の構築や品質・性能の確かな製品供給による木材産業の競争力強化、非住宅分野や木質バイオマスなどの新たな木材需要の創出等を打ち出しました。木材生産方式もこれまでの利用間伐重視から主伐・再造林促進に転換したのです。

その成果については現時点では未知数ですが、木材利用面に傾斜し過ぎていないかと懸念する声があります。

新たな森林管理システム

さらに18年には森林経営管理法が成立し、「新たな森林管理システム」（森林経営管理制度）が発足しました。背景には、①人工林の約半数が主伐期を迎える中、いまだ成長量の6割強が利用されていない状況や、②森林所有者の林地所有形態は零細であり、その大半は森林経営の意欲が低く、主伐の意思を持っていない一方で、③林業経営者（素材生産業者等）の多くは経営規模拡大の意向があるのに事業地確保が困難としている状況がありました。そこで、森林所有者と〝意欲と能力のある〟林業経営者との間のミスマッチを解消するため、意欲と能力のある林業経営者に森林経営を委託し、森林の管理経営の集積・集約化を促進しようとしたものです。

具体的には管理が不十分な森林（私有林）について市町村が仲介役となり（森林所有者が市町村に委託）、自然条件などが良く林業経営に適した森林は、意欲と能力のある林業経営者に経営管理を委託し（市町村が林業経営者に再委託）、その他の林業経営に適さない森林は市町村が自ら管理するという仕組みです（**図7**）。

林野庁は、私有人工林のうちのまだ集積・集約化されていない約3分の2は従来の取り組み（林業事業体による森林経営の集積化・森林施業の集約化）とこの制度によって整備が進み、森林の多面的機能の発揮と林業の成長産業化が促進されると考えています。森林・林業基本法の理念を実現するためには、森林政策を規定する森林法ではカバーできない林業政策の部分もカバーする法律が必要との議論から、森林経営管理法は成立しました。しかし、いわゆる自伐林家の位置づけなどで議論は十分でなかったとの意見もあります。

またこの法律によって、森林整備における市町村の役割が飛躍的に高まりました。新たな森林管理システムを進めるためには所有森林に無関心な所有者へ働きかける必要があり、その任に当たるのは森林の現場に近く、所有者に身近な存在である市町村が適当だからです。加えて、所有者による自発的な間伐等が見込めない森林は、市町村が自ら経営管理を行って整備し、森林の多面的機能を持続的に発揮させねばならないからです。

市町村は18年度までは市町村森林整備計

図7　新たな森林管理システム

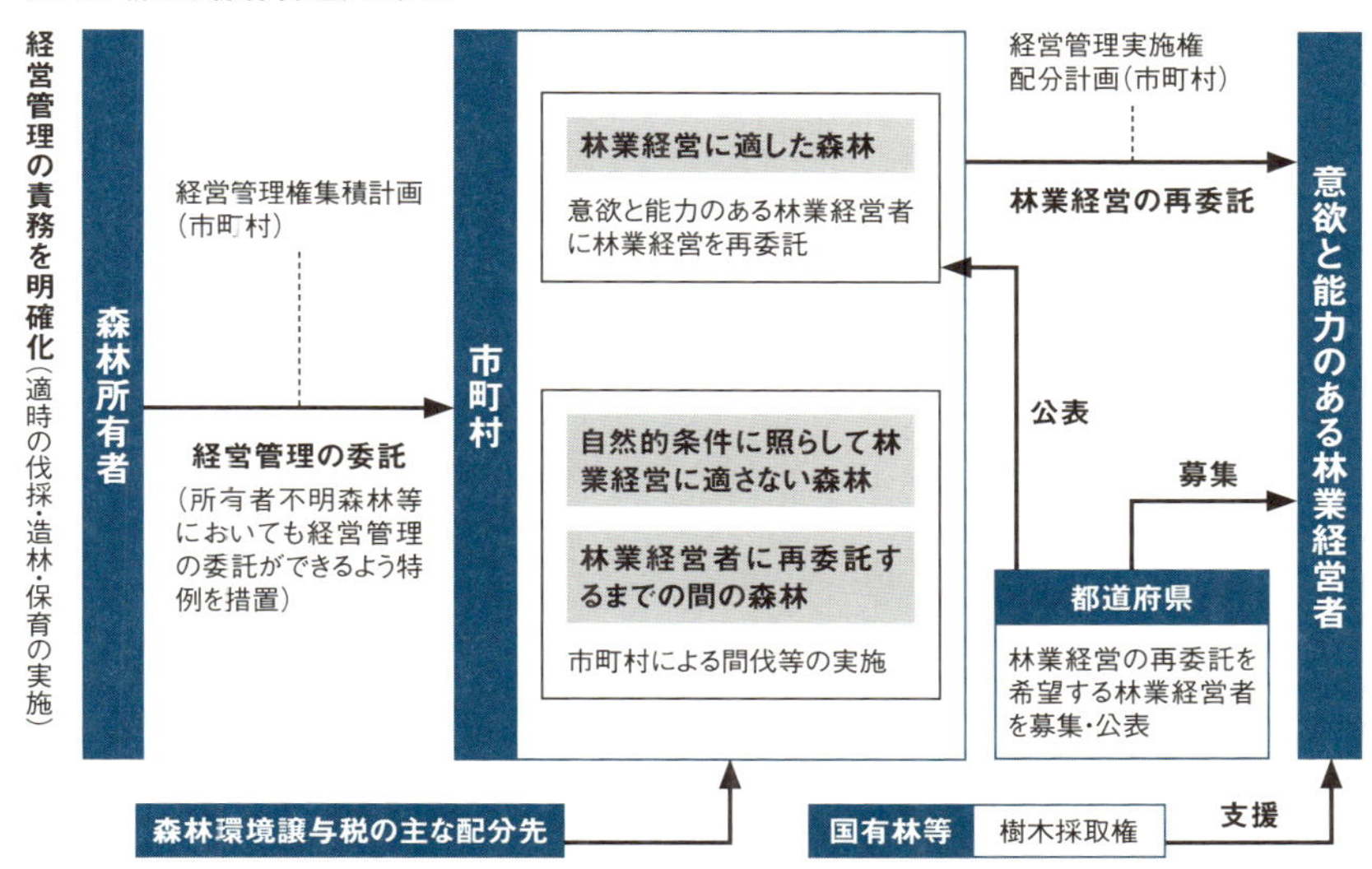
経営管理の責務を明確化（適時の伐採・造林・保育の実施）
森林所有者
経営管理権集積計画（市町村）
経営管理の委託
（所有者不明森林等においても経営管理の委託ができるよう特例を措置）
市町村
林業経営に適した森林
意欲と能力のある林業経営者に林業経営を再委託
自然的条件に照らして林業経営に適さない森林
林業経営者に再委託するまでの間の森林
市町村による間伐等の実施
経営管理実施権配分計画（市町村）
林業経営の再委託
公表
募集
都道府県
林業経営の再委託を希望する林業経営者を募集・公表
意欲と能力のある林業経営者
森林環境譲与税の主な配分先
国有林等
樹木採取権
支援

（資料：林野庁）

画に関連する事項だけが所掌事項でしたが、19年度からは直接、森林整備に責任を持つようになりました。そしてその財源として長く議論されてきた森林環境税が、直接市町村に配分されるようになりました。森林環境税については次のパートで詳説します。

なお、林野庁は19年に国有林野管理経営法を改定して、樹木採取権制度を導入しました。これにより、林業経営体は国有林材の利用に際し、従来の年度ごとの入札による立木の購入に加えて、新たに一定期間安定的に立木を伐採できる「樹木採取権」を得ることができるようになりました。森林経営管理法を補完する改定といえます。

市町村による新しい森林管理システムの活用は始まったばかりですので、その成否はいまだ不明です。考えられる課題を以下に挙げます。

まず、これまで現場の森林・林業行政は都道府県が中心となって進めてきており、市町村では専門職員が手薄です。次に、経営意欲が低下している個別の森林所有者に対して市町村に経営を委託すること（経営管理権の設定）についての理解を得ることや、その森林で林業経営が可能かどうかを判断することが必要です。そのための基礎的作業として、森林の境界の確定や所有者が不明の森林の所有者の特定という課題があります。さらに、都道府県が行うことになっている意欲と能力のある林業経営者（経営管理実施権が設定される者）の評価も難しい課題です。これらを逐次解決していく必要があるでしょう。

市町村に配分する新しい税制「森林環境税」

新しい森林管理システムを財源面で支えることになった森林環境税は、１９９７年の京都議定書採択後に始まった温室効果ガス排出削減対策のための財源確保の議論に端を発しています。２０１５年のパリ協定採択後は、主に森林吸収源対策を念頭に置いた安定財源確保の議論が盛り上がり、一方で多面的機能を発揮する森林の整備に充てる財源あるいは山村地域の市町村の恒久的・安定的な財源として長く要望されてきた森林環境税創設の議論と結び付きました。さらに16年以降に急遽浮上した感のある「新たな森林管理システム」構築の議論とも結び付いて創設されたものです。

森林環境税は、二酸化炭素の吸収源であり土砂災害や洪水を緩和するなどの多面的機能を発揮する森林を市町村が主体となって整備するために、その財源を国民に等しく課税することとし、住民税に上乗せして毎年一律１０００円を国税として徴収する目的税です。その配分先が市町村（一部は都道府県）という他に例の少ない珍しい税制です。なお、森林環境税はいったん国の特別会計に入れられ、そこからは森林環境譲与税として市町村に配分されます。森林環境税の徴収は24年度からですが、森林環境譲与税は19年度から譲与されています。

森林・林業行政では、森林の整備が進むためには継続的な林業の発展が重要とされています。森林環境譲与税は、間伐や路網作設といった森林整備に加え、それを促進するための人材育成・担い手の確保、木材利用の促進や普及啓発に充てなければならないとされています。市町村は前述した新たな森林管理システムを活用して域内の森林の整備、特に林業に適さない森林の整備を自らで行うことになっており、森林環境譲与税をその費用に充てます。また森林が少ない都市部の市町村では、森林整備を支えるとともに森林・林業への理解促進につながる木材の利用やその普及啓発といった取り組みを進めます。森林環境譲与税は市町村の私有人工林の面積、林業就業者数、人口のそれぞれに5対2対3の割合で配分。使途は公表されます。

森林認証制度で適切なチェックを

森林環境税は森林の多面的機能を持続的に発揮させるための森林整備の費用に充てるので、実際にそのように森林が整備され、適切に管理されているかどうかを国民はチェックする必要があるでしょう。しかし、私たちが森林の整備や管理を直接チェックすることは不可能です。そこで、私たちに代わって専門家が森林管理をチェックする森林管理協議会

図8 FSC(森林管理協議会)FM(森林管理)認証の日本国内規格(2019年2月15日発効)における10の原則

原則1	法令の遵守:法律や国際的な取り決めを守っている
原則2	労働者の権利と労働環境:労働者の権利を守り、労働者と良好な関係にある
原則3	先住民族の権利:先住民族の伝統的な権利を尊重している
原則4	地域社会との関係:地域社会の権利を守り、地域社会と良好な関係にある
原則5	森林のもたらす便益:多様で豊かな森の恵みを大切にする
原則6	多面的機能と環境への影響:環境の価値を守り、環境へ悪影響を与えない
原則7	管理計画:森林管理が計画的に実行されている
原則8	モニタリングと評価:適切な森林管理がされているか定期的にチェックしている
原則9	高い保護価値:保護する価値の高い資源を守っている
原則10	管理活動の実施:管理方針やFSCの原則に沿った管理活動が実施されている

FSC

(資料:森林管理協議会)

（ＦＳＣ）などの「森林認証制度」を利用することが考えられます。

森林認証制度は、環境、社会、経済のいずれの観点から見ても持続可能な森林管理を行っている林業経営体を認証する制度です。20世紀後半の世界的な森林の減少・劣化とグリーン・コンシューマリズム（環境保全に貢献している企業製品を購買しようという運動）の機運の高まりを背景に、熱帯林の違法伐採防止などを目的として、欧州の環境保護団体が中心となり１９９３年に設立されたＦＳＣが草分けです。独立した第三者機関が一定の原則と基準に照らして、林業経営体の森林管理を評価・認証します。森林認証を受けた経営体の木材を加工した木材製品は、認証ラベルを表示することが認められるようになるのです。

森林認証制度は、正確には前記の経営体を認証する「ＦＭ（森林管理）認証」と認証材の加工・流通段階の企業等を認証する「ＣｏＣ（加工流通）認証」があります。近年、紙製品を中心にＦＳＣ認証マーク付きの製品も発売されており、消費者はこのＦＳＣのマークが付いた製品を買うことで、世界の森林の保全を間接的に応援できる仕組みです。現在日本で活動している森林認証制度としては、ＦＳＣとＳＧＥＣ（緑の循環認証会議、ＰＥＦＣに加入）があります。

ＦＳＣの森林管理認証では生物多様性の保全や国土の保全などの他、先住民族の権利保護や労働者の安全確保などを含むＳＤＧｓの多くの目標を先取りした10の原則（**図8**）と73の基準の下に２１７もの指標があります（ＦＳＣ ＦＭ国内規格、２０１９年2月15日発効）。その一つ一つが適切な森林管理が行われているかどうかを具体的にチェックする項目になっています。従って、森林認証制度の各項目をクリアしていれば、その森林は多面的機能を持続的に発揮していることが保証されます。
森林認証を取得しなくても、公開されている指標を用いれば私たちは森林が適切に整備・管理されているかを容易にチェックすることができます。

山地災害対策と災害に強い森づくり

保安林制度と治山事業

よく知られているように、森林・山地の整備・管理に関わる施策の一部に保安林制度と治山事業があります。保安林制度は１８９７年の森林法によって創設されました。治山事業は健全な森林・山地を維持・回復させることによって森林の機能を効果的に発揮させようとするもので、１９１１年の第一期森林治水事業の中の荒廃林地復旧事業の地盤保護工事に始まり、第二次世界大戦後の47年に農林省林野局に治山課が設置されて以降、正式名称として使われるようになりました。さらに51年の森林法改正では保安施設地区制度が創設され、現在は保安施設事業（森林法が根拠）と地すべり防止工事に関する事業（58年以降、地すべり等防止法が根拠）が実施されています。

こうして成立した治山事業は森林・山地の保全にとって重要ですが、そこで流木対策が明確に打ち出されたのは意外にも遅く、２００６年からです。そして、17年の九州北部豪雨の後に本格的な流木対策が策定されました。ここでは17年に林野庁から出た「流木災害等に対する治山対策検討チーム」の報告書[4]を中心に、山地・森林での流木災害防止対策を考えてみます。その基本は治山事業と「災害に強い森づくり」の協働作業ということができます。

第1章で見てきたように、最近の豪雨災害では以前より流木災害が目立ちます。豪雨時に大量の流木が流出するという事実は、過去の災害でもしばしば見られましたが、最近それが増加したのは事実です。その要因として主に次の2点が挙げられます[5]。

まず1点は、107ページで述べたように、現在は人工林ばかりかいわゆる里山の二次林も成長・充実して、山腹斜面の全てが樹木で覆われる状態になっていることです。かつての森林が劣化していた時代には、山が崩れても流木が大量に発生することはありませんでした。現在は山が崩れれば必ず流木が発生します。もう1点は第1章で示したように、豪雨の規模が増大化したことです。

そして、大量の流木を発生させた17年の九州北部豪雨では、実際は流出土砂量が千万㎥を超える大規模な土砂災害でしたが、人工林から流出した大量の流木が下流の平野部にまで到達し、氾濫して人家等の被害を助長したために「流木災害」と呼ばれました。主に林地の崩壊によって発生する流木災害は林業にとっても痛手です。

3つの流木の発生源

流木の大部分は、①「表層崩壊と呼ばれる山腹崩壊地から流出する流木」です。具体的には35

〜40度程度の急勾配の山腹斜面、特に0次谷（常時表流水がある谷の上部に位置する集水地形）と呼ばれる凹型斜面で表層崩壊が発生し、さらに崩壊土砂が流動化して土石流となったとき、大量の流木が渓流に流出します。

そして発生した土石流の運動エネルギーが大きい場合は、②「渓床や渓岸（山脚部や古い土石流堆積地、掃流堆積地）が侵食されて、その上に成立したいわゆる渓畔林も流木化」します。その後、流木の大部分は通常は土砂とともに渓流の下流部に堆積しますが、一部は土砂流とともに下流河川に流出します。

九州北部豪雨の場合は大量の洪水流によって下流の低平地に到達した流木も多く、住宅を破壊し、橋脚に捕捉されて洪水の流れを妨げました。そのため人々には「流木災害」が強く印象付けられました。このように洪水流や土砂流の量が異常なほど多く、下流の平地で氾濫を起こすような豪雨では、さらに③「谷底低地や小河川沿いの低平地の渓畔・河畔、あるいは氾濫した洪水流の進路上の樹木が押し流されて流木化」したものが加わります。

16年8月に観測史上初めて東北地方に上陸した台風10号による岩手県岩泉町の豪雨災害でも、大量の流木が発生しました。この災害による流木は主に③のタイプでした。九州北部豪雨では森林地域の被害立木約19万m³の大部分が、①と②によって流木化したものです。

ここで①について、森林と崩壊と流木発生の関係に関する基本的知識を3つ挙げておきます[5]。

第1は、山崩れには山腹斜面上の風化土壌層が崩壊する「表層崩壊」と厚い堆積土層や基盤岩から崩れる「深層崩壊」があり、豪雨による崩壊のほとんどは表層崩壊です。また、表層崩壊は花こう岩系や堆積岩系（特に新第三紀層）の地質の山地に多発する傾向があります。さらに前述したように、豪雨による表層崩壊は急斜面だけでなく、水が集まりやすい0次谷に発生しやすい性質があります。

第2は、森林は「根系の働き」と「風化土壌層中の効率的な排水システム」によって表層崩壊を抑制します。このうち根系の働きについては、根が基盤岩の弱風化層や割れ目に食い込む杭効果と、隣接する樹木の側根同士が絡み合うネット効果があり、両者によって表層崩壊を起こりにくくしています。また効率的な排水システムとは土壌中に浸透してきた雨水が風化土壌層の底部（基盤岩の表面）に発達したパイプ状の水みちを通して効率的に排水される機構を指し、これによって土壌中で水圧が高まるのを防ぎ、崩壊を抑制しています（**図9**）。しかしながら17年の九州北部

図9　森林が表層崩壊を抑制する仕組み

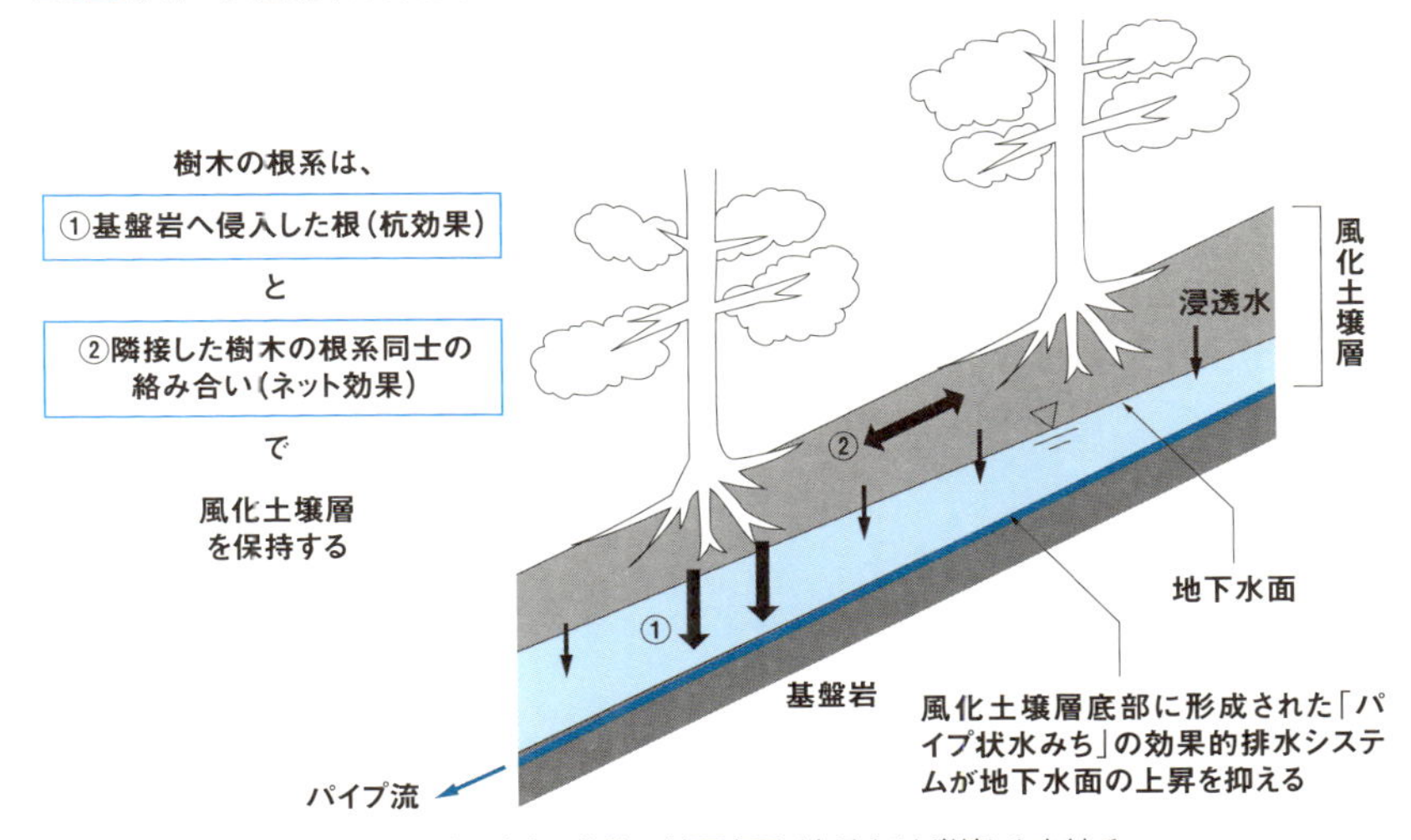
樹木の根系は、
①基盤岩へ侵入した根（杭効果）
と
②隣接した樹木の根系同士の絡み合い（ネット効果）
で
風化土壌層を保持する
風化土壌層
浸透水
地下水面
基盤岩
風化土壌層底部に形成された「パイプ状水みち」の効果的排水システムが地下水面の上昇を抑える
パイプ流
①
②

地表面から浸透した雨水が風化土壌層底部に集積し、地下水面が上昇すると崩壊しやすくなる

豪雨のように、豪雨の規模が強大だと崩壊に至る場合もあり、森林の働きには限界があることもしっかり受け止める必要があります。

第3は、流木は主に表層崩壊によって発生するということです。切り捨て間伐材などの林地残材や伐採後搬出前の材が豪雨によって直接流出する懸念が指摘されていますが、崩壊土砂や土石流に巻き込まれて流出することはまれにあるにせよ、通常はこれらの材を押し流すほどの水深を持つ流れが山腹斜面上に発生するとは考えられません。

一方、温暖化によって、表層崩壊が発生するような豪雨がある場合、山腹や谷の上部から大量の流出水が加わって崩落土砂が土石流化する事例が多くなっており、今後はいったん表層崩壊が発生すれば、ほとんどの崩壊地から流木が渓流にまで流出してくると予想されます。

図10 流木災害対策における流域区分

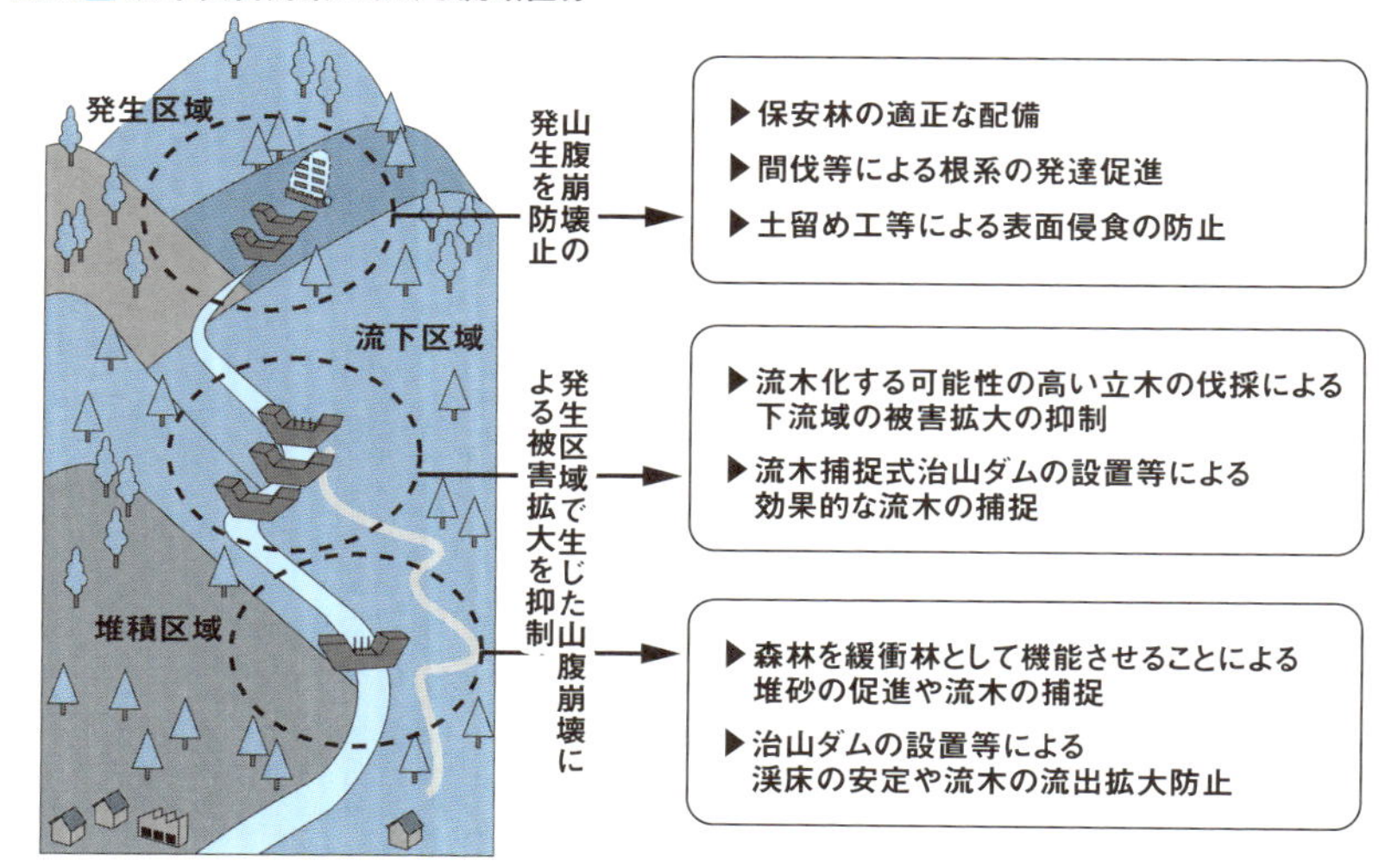

発生区域
流下区域
堆積区域
山腹崩壊の発生を防止
発生区域で生じた山腹崩壊による被害拡大を抑制
▶保安林の適正な配備
▶間伐等による根系の発達促進
▶土留め工等による表面侵食の防止
▶流木化する可能性の高い立木の伐採による下流域の被害拡大の抑制
▶流木捕捉式治山ダムの設置等による効果的な流木の捕捉
▶森林を緩衝林として機能させることによる堆砂の促進や流木の捕捉
▶治山ダムの設置等による渓床の安定や流木の流出拡大防止

立木の伐採・除去は慎重に（資料:林野庁）

山地・渓流における流木災害軽減対策

今後の山地災害防止対策は流木の発生を前提として取り組む必要があります。そして、山地・渓流での流木災害軽減対策は土砂災害対策と一体です。また、崩壊・流木の発生→土石流化→渓岸侵食・流木の付加→土砂・流木の堆積→流木の河川区間への流出というプロセスを考慮すると、対策は3つに分けることができます（図10）。0次谷を中心とした山腹斜面すなわち「表層崩壊の発生区域での対策」や、渓流の上・中流部で渓床や渓岸が侵食されやすい「土石流の流下区域での対策」、さらに渓流下流部の「土石流の堆積区域での対策」です。

また、考えられる対策は、①「発生し流下する土砂や流木そのものへの対策」と②「災害に強い森づくり」に分けられます。具体的には、①は主に治山施設を充実させることで即効性があります。一方②は簡単にいえば「流木が出にくい森づくり」です。それは適切な森林管理を息長く続けていく不断の森づくりということになるでしょう。

なお①に関しては、18年に広島県、岡山県、愛媛県などを襲った西日本豪雨災害の後、林野庁の「平成30年7月豪雨を踏まえた治山対策検討チーム」が同年11月に中間取りまとめを公表しました[6]。そこでは、花こう岩系山地でのコアストーン（巨石）の崩落やそれを含む土石流への治山施設による対策および、脆弱な地質地帯における森林管理による山腹崩壊等防止対策を打ち出しています。これらは、治山事業執行の際には斜面系や流路勾配による区域区分の他、事業地の地質条件も考慮する必要があることを示しています。砂防区間の対策については、第3章を参照してください。

山腹斜面では表層崩壊をできるだけ抑制

山腹斜面では、表層崩壊をできる限り抑制する対策が望まれます。ただし、急斜面で多発する特性を考えれば、①の施設による対策は限定的にならざるを得ません。それでも特に危険な急斜面や凹型斜面では、これまでより強化した斜面安定対策（山腹土留工など）を実施する必要があるでしょう。また0次谷下部などでは谷止工を設置し、崩壊土砂の流動化、土石流化を防ぐ必要があります。

一方②の災害に強い森づくりでは、人工林であっても広葉樹林であっても、密度管理により根系・下層植生の発達した林木で構成される森林を、息長く育てる森づくりを進めていくことが基本となります。特に0次谷の斜面や40度を超える急斜面では、現在そこがどんな林相であっても「非皆伐」とし、密度管理とギャップへの補植によって強靱な森林に改良していく方がよいと思います。

渓流の上・中流部では渓床・渓岸の侵食を防ぐ治山施設を

渓流の上・中流部では流下してくる土石流や土砂流によって渓床や渓岸が侵食され、山脚部や古い土石流堆積物・掃流堆積物上のいわゆる渓畔林が巻き込まれて流木化しますので、渓岸侵食の防止が不可欠です。その場合、土石流等はこの区域では大きな運動エネルギーを持っていますので、特に若い林齢の林木のみでは渓岸侵食に抵抗するのは困難です。従って、土石流等を減勢し、渓岸侵食を防止し、同時に流木も捕捉する谷止工や治山ダムなどの治山施設を要所に設置するいわゆるハード対策が、即効性もあって最も有効な対策となります。これらの構造物は従来、土砂流出防止対策として捉えられてきましたが、流木対策としても有効です。加えて、近年の流木の増加に鑑み、流下区域の下流部では流木捕捉効果を高めた「流木捕捉式治山ダム」の整備を進める必要があるでしょう。

もっとも長い目で見たとき、古い土石流堆積地が現れるような流下区域の下流部では、渓岸侵食に耐えられる渓畔林の育成も重要です。治山施設等は経年劣化するのに対し、強靭な根系を持つ樹木は成長とともにより力を発揮し、大径木は横侵食にも十分抵抗可能です。実際に多様な樹種の大径木が渓岸侵食を防止している事例が各地に存在します。この場合も、現存の植生を育成・改良し、大径木化を図っていくことになるでしょう。

一方で渓畔林は、生物多様性の保全を第一に考えるべき林分でもあります。そのため、渓畔や渓流内の立木・倒木等の除去は慎重に行うべきです。中小洪水による流木の発生は流木捕足式治山ダムや他の流木捕捉施設で対応し、渓畔林はひたすら自然植生を維持しつつ大径木化を図るのが理想でしょう。結論として、この場合も長期的視点で強靭な森づくりを行うことになると思われます。

渓流下流部では流木捕捉に期待

山腹斜面での表層崩壊が減少したこともあって、現在の渓流では流出土砂量が減少しているので、渓床は一般に低下傾向にあり、渓流下流部でも渓岸侵食が進行しています。従って、床固工等によって渓岸侵食を防止し、水衝部では積極的に護岸工や導流堤を施工する必要があります。さらにここでは、上流から流下してくる流木の捕捉対策が不可欠になっています。流木捕捉式治山ダム（床固工）、さらには砂防区間での流木捕捉施設に期待したいと思います。

一方、渓流下流部では異常豪雨の際に土石流（土砂や流木）が氾濫することが考えられます。下流部では土石流等の運動エネルギーは既に相当減衰しているので、肥大成長を促した林木であれば土砂や流木を阻止して流下を防止できます。このような森林は「災害緩衝林」と呼ばれます。災害緩衝林では、適切な施業によって経済林としての大径木生産が可能です。

災害に強い森づくりとは

ここで災害に強い森づくりについてまとめておきます。

災害に強い森づくりの基本は0次谷であっても渓岸であっても、強靱な根系を持ち、下層植生の発達した大径木で構成される森林を、時間をかけて育成していくことです。樹種の違いに配慮するよりも、より大径木化することを優先する方が重要であると思います。つまり、針葉樹人工林であっても広葉樹林であっても現在の森林を間伐する（場合によっては補植も行う）ことによる密度管理等によって、より高齢の森林へ導くことを第一に考えるべきです。人工林の場合、伐採・新植から20～30年後以降を想定し、劣勢木が自然に淘汰されることを考慮すると、たとえ間伐が多少遅れていても、樹種を変更するために伐採するよりも健全な森林に改良していく方がはるかに重要です。繰り返しになりますが、流木の出にくい森づくりの基本は現存の森林をとにかく長期的に維持して、できる限り高齢で、健全な大径の林木が存在するように林相を改良していくことだと思います。

なお、木材生産の観点からは0次谷や渓岸堆積地はスギ林の適地です。非皆伐さらには禁伐が必要な0次谷内や渓岸の数メートルの範囲の林木を除けば、製材可能な程度の大径木生産は差し支えないと思われます。

不可欠な警戒・避難対策

ところで18年9月に発生し最大震度7を記録した北海道胆振（いぶり）東部地震では、未曽有の地震型表層崩壊が発生しました。流木災害を引き起こした九州北部豪雨による表層崩壊の発生時にも見られたように、これらの表層崩壊の大部分は樹木の根系が及ぶ範囲より深い部分でせん断破壊が生じました。11年の東日本大震災の際に巨大津波で海岸林が壊滅的被害を受けた場合と同様に、森林の災害防止機能には限界があることを明確に示したといえます。すなわち、豪雨災害から人々を守るためには治山施設の設置や災害に強い森づくりによる防災・減災対策だけでなく、警戒・避難対策と呼ばれるソフト対策が不可欠だということです。

そこで管内に山地地域を持つ地方公共団体等ではまず対象山地の地形、地質、森林の状態等を精査して危険地を抽出し、治山施設等、防災・減災のためのハード対策を計画・実施する他、その限界を知ってソフト対策を企画。事前に実施し得る備えを整備して、災害発生の恐れがあるときは実行に移す必要があります[7]。

事前のソフト対策では、①抽出した危険箇所を中心とした山地・森林の状況や既設の防災施設の定期的な点検、②危険箇所の地域住民等への周知、③避難場所・避難施設および避難路の整備、④定期的な避難訓練や危険な兆候の見分け方の講習会開催などが考えられます。また災害発生の恐れが高まったときには、危険箇所の緊急点検や土石流センサー・伸縮計の設置などの他、⑤タイムラインに沿った事前活動、特に気象情報や災害危険リスクの地域住民への周知、早めの避難の呼びかけが重要です。

タイムラインとは、災害の発生を前提に、防災関係機関が連携して災害時に発生する状況をあらかじめ想定し共有した上で、「いつ」「誰が」「何をするか」に着目して、防災行動とその実施主体を時系列で整理した計画のことです。事前にタイムラインを整備していれば、これらの対策は比較的スムーズに実施できるでしょう。不幸にして災害が発生した場合やその後の対応、復旧に至るプロセスでもタイムラインは極めて重要な役割を演じると思います。

このように、警戒・避難対策では地域住民等や関係機関、地域の団体・企業等との連携が重要です。豪雨災害から人々を守るためには地域ぐるみで取り組むことが不可欠なのです。

森林には社会的に重要な機能が多数あるものの、言うまでもなくそれらは万能ではありません。それは山地災害防止機能についてだけでなく、山地地域での水管理の面でも同様です。すなわち、森林の洪水緩和機能や水資源貯留機能も、森林の管理だけでなく適切な河川管理やダム管理と相まって発揮されるものです。次章以降ではこの点も含めて現代のダム管理を中心に、統合的な流域管理の在り方を提案したいと思います。

参考文献

1 太田猛彦（2012）『森林飽和』（NHKブックスNo.1193）、NHK出版、pp.254

2 日本学術会議（2001）地球環境・人間生活にかかわる農業及び森林の多面的な機能の評価について（答申）

3 熊崎実（2018）『木のルネサンス』株式会社エネルギーフォーラム、pp.215

4 林野庁（2017）九州北部豪雨災害を踏まえた〝流木災害等に対する治山対策検討チーム〟中間取りまとめ

5 太田猛彦（2019a）「流木災害」と森林管理、水利科学No.365, pp.70-83（原文は（一社）日本治山治水協会発行「治山林道広報」2017年12月号）

6 林野庁（2018）〝平成30年7月豪雨を踏まえた治山対策検討チーム〟中間取りまとめ

7 太田猛彦（2019b）豪雨災害と森林管理、森林技術No.927, pp.2-6

第5章

これからのダムに求められる役割

安田 吾郎

DAM
AND
FOREST

前章までに、治水・利水面での森林の役割と限界、森林の管理に関する政策、流出する土砂と流木を山間部で受け止める砂防施設について述べました。山間地域において「水や土砂の流出を止める」機能を持つ施設にはダムもあります。ここでは、洪水調節の面を中心として、ダムの役割と限界、さらには課題と対応、ダムの建設・管理に関する政策について述べます。

まず手始めにダムの目的や機能の基本について述べた上で、日本と海外のダム事業の変遷をご紹介します。ダム事業の目的や形態は、時代とともに世界的に大きく変化してきましたので、まずはその歴史を押さえておこうというわけです。特に、ダム建設分野での世界のトップランナーであった日本と米国の動きにスポットを当てて、時代の動きを深掘りしてみます。

気候変動時代に入った現在、ダムに関しては新たにダイナミックな変化が進みつつあります。その動きをご紹介するとともに、日本のダムがこれから果たすことができる役割を最後にお伝えしたいと思います。

ダムの目的と機能

ダムでは目的別に使用権を設定

図1はダムの建設目的を分類したものです。単一の目的を持つダムもあれば複数の目的を持つものもあります。なお、ここに含まれない治水・利水目的以外のダムとしては、鉱滓ダム（鉱物

の採取に際して選鉱・精錬の過程で生じるスラグを分離する目的を持つダム）がありま す。また、堰や砂防ダム、治山ダムも広義にはダムの一種です。狭義には高さが15ｍ以上あり、川の水を貯留または取水する目的のみをダムと呼びます。国際的には、高さが15ｍ以上をハイダム（High Dam）、15ｍ未満をローダム（Low Dam）と呼びます。ハイダムに、高さが5～15ｍで貯水容量が300万㎥以上のダムを加えたものを大ダム（Large Dam）と呼びます。

複数の目的を持つダムにおいては、それぞれの目的別に、ダムでためている貯水池のうち、どれだけの容量を使えるかについての権利（ダム使用権）を定めています。

ダムの使用権については「融通を利かせて臨機応変に運用すればよいのでは」と思われるかもしれません。渇水の際に関係者が譲り

図1■ 建設目的別の治水・利水ダムの分類

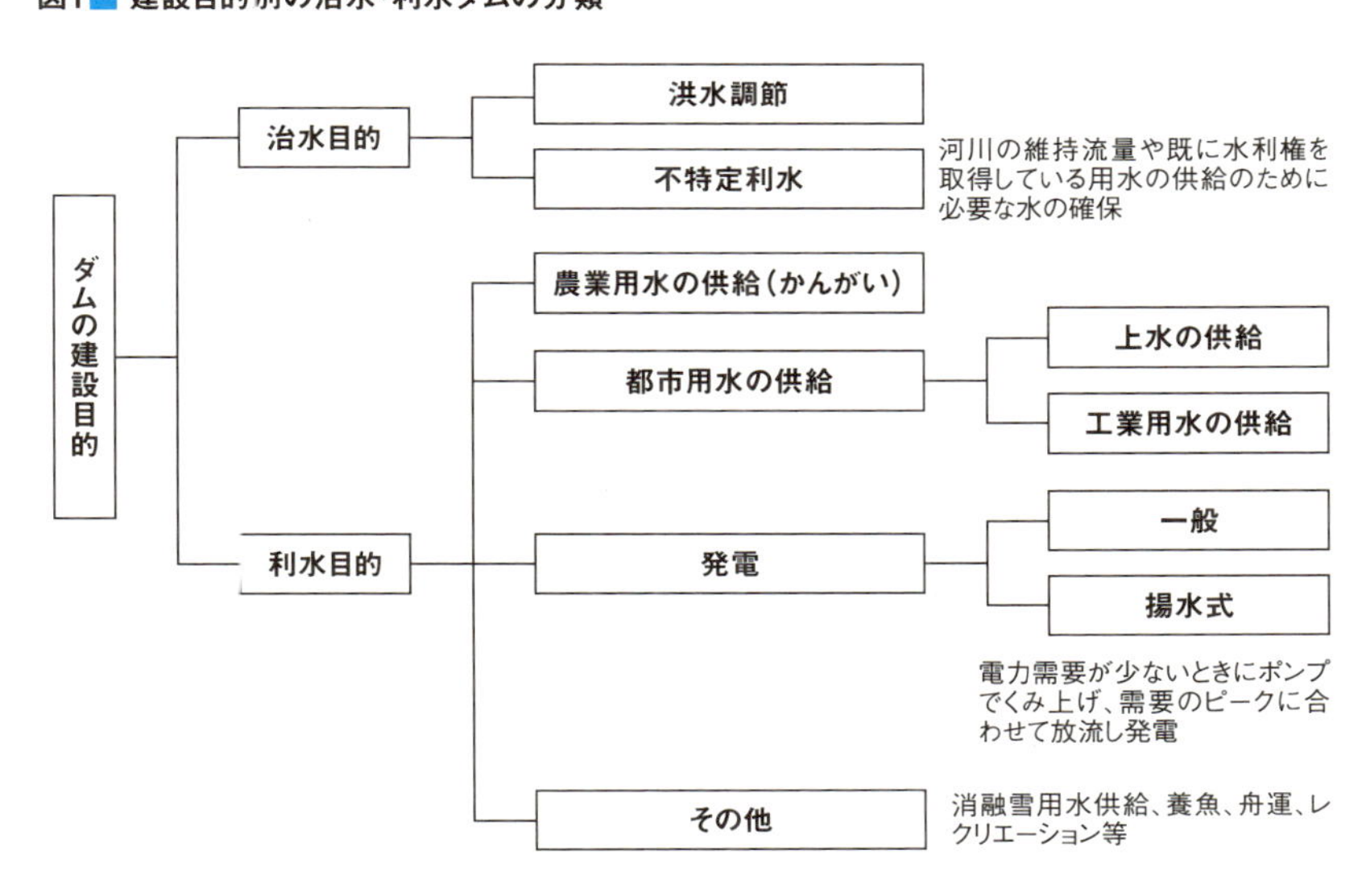
ダムの建設目的
治水目的
洪水調節
不特定利水
河川の維持流量や既に水利権を取得している用水の供給のために必要な水の確保
利水目的
農業用水の供給（かんがい）
都市用水の供給
上水の供給
工業用水の供給
発電
一般
揚水式
電力需要が少ないときにポンプでくみ上げ、需要のピークに合わせて放流し発電
その他
消融雪用水供給、養魚、舟運、レクリエーション等

合って一定の範囲で融通を利かせたり、洪水の際にも関係者間の調整により行う操作運用もあったりしますが、目的別の容量配分はダムの計画を作る際にきっちり決められています。ただし海外では、合わせて240億㎥という巨大な容量を持つタイのプミポンダムとシリキットダムのように、目的別の容量を固定せず、通常その範囲に収めるべき水位の幅を時期別に設定し、関係者が協議をしながら運用しているような例もあります。

　貯水池を洪水調節目的で使用するためには、水をためられるように、洪水を迎える前に空にしておく必要があるのに対して、農業用水や都市用水の供給目的で使用するためには反対に水をためておく必要があります。このため、目的別の権利をあらかじめ定めておかないともめ事のもとになり、ダムの使用権に応じた費用負担の割合も決められなくなる

図2 寺内ダムの容量配分図

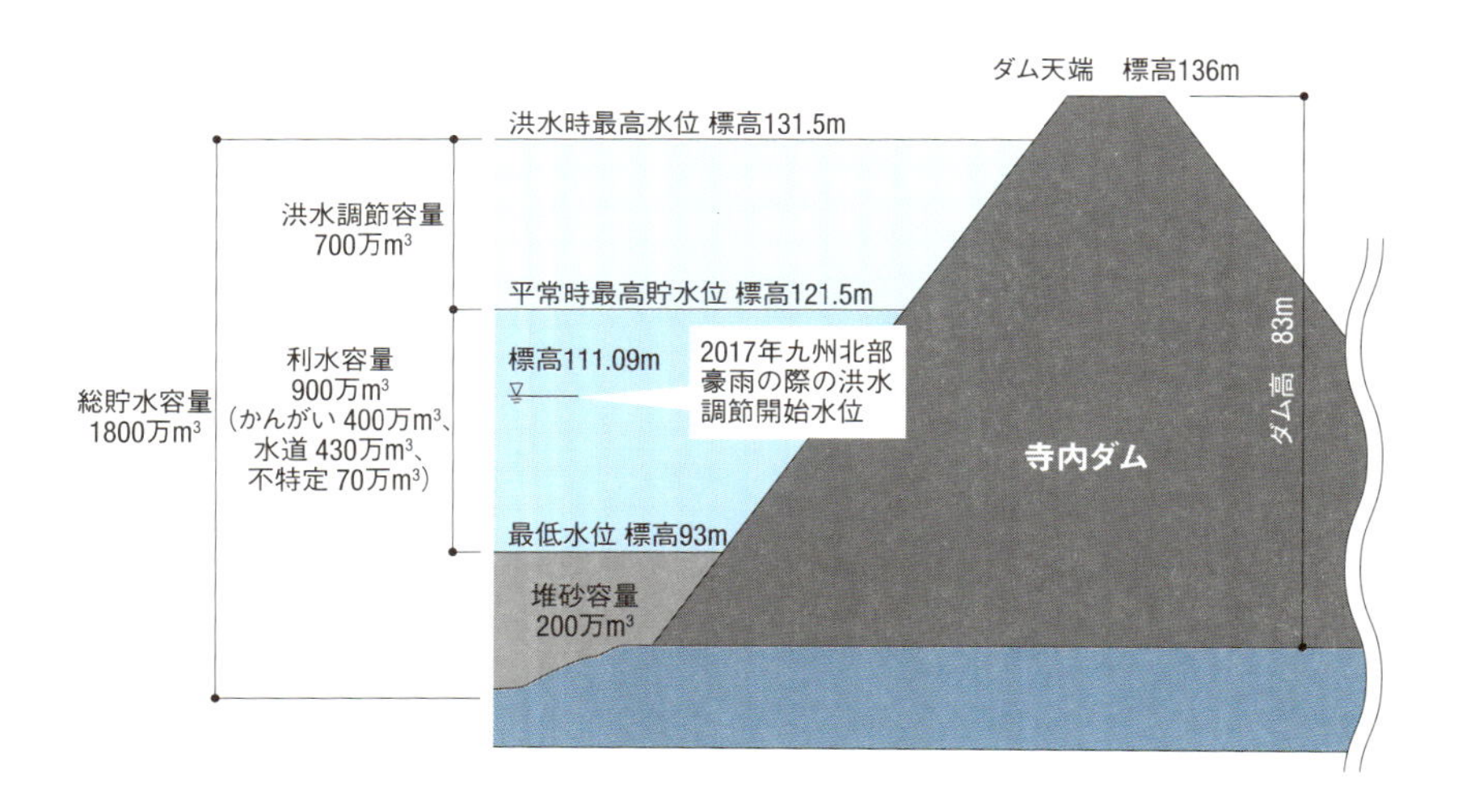
ダム天端　標高136m
洪水時最高水位 標高131.5m
洪水調節容量
700万m³
平常時最高貯水位 標高121.5m
利水容量
900万m³
（かんがい 400万m³、
水道 430万m³、
不特定 70万m³）
総貯水容量
1800万m³
標高111.09m
2017年九州北部
豪雨の際の洪水
調節開始水位
寺内ダム
ダム高　83m
最低水位 標高93m
堆砂容量
200万m³

わけです。

九州北部豪雨で治水効果を発揮したダム

図2では、2017年7月の九州北部豪雨で起こった洪水の際に、福岡県の寺内ダムで洪水調節を開始した水位を示しています。洪水の前は渇水傾向にあり、水位は低い状態でした。このため、本来よりも10m以上の深さ分（標高111・09m～121・5m）の容量を洪水調節のために使えたのです。最終的に、洪水時最高水位まであと57cmという水位まで洪水をため込みました。もしも洪水前の時期が渇水傾向でなかったとしたら、大きな被害が発生していたでしょう。

このように、実際のダムの運用においては、治水目的の容量と利水目的の容量は補完的に機能します。洪水調節と利水の両方の目的を持った多目的ダムにするメリットの1つ

図3■ 佐田川・金丸橋水位観測所（福岡県朝倉市）における寺内ダムによる水位低減効果

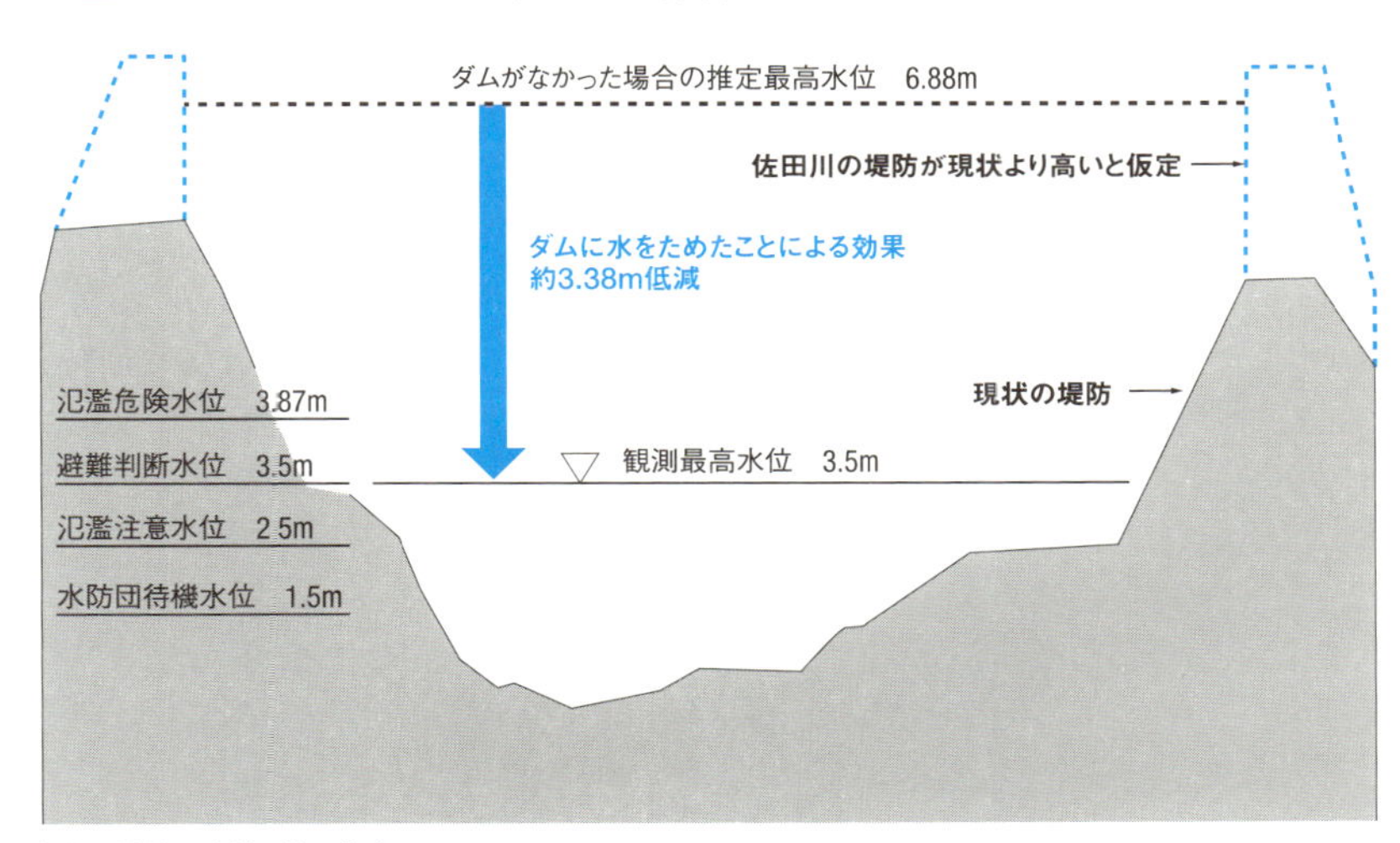
ダムがなかった場合の推定最高水位　6.88m
佐田川の堤防が現状より高いと仮定
ダムに水をためたことによる効果
約3.38m低減
氾濫危険水位　3.87m
避難判断水位　3.5m
観測最高水位　3.5m
氾濫注意水位　2.5m
水防団待機水位　1.5m
現状の堤防

水資源機構の資料を基に作成

は、そこにあります。

実際に九州北部豪雨では、寺内ダムの下流の佐田川において水位が３ｍ以上下がり、洪水被害が軽減されました。ダムがない筑後川の各支川では大きな被害が出た中で、佐田川では寺内ダムにより河川氾濫の被害を免れたのです（図３）。

ダムが満杯になると洪水調節機能は喪失

ダムは洪水時に流入する水をため込むことで洪水を調節するので、ダムが満杯になると治水効果は期待できなくなります。実運用においては、洪水調節容量が満杯になると見込まれる場合には、一定の割合（ダムや下流河川の特性によりこの割合は異なりますが一般に洪水調節容量の７～９割）をため込んだ時点から、洪水調節容量が満杯になる見込みが続く限り貯水池の水位が上がるに連れて放流量を増やし、最終的にはダム湖への流入量とダム湖からの放流量がほぼ等しくなるまで流量を増やします。この操作のことを異常洪水時防災操作といいます。「緊急放流」と呼ばれることも最近多くなりました。ダムの操作規則の中の「ただし書き」に基づいて行われることから「ただし書き操作」と呼ぶこともあります。

洪水調整容量が満杯になる前から徐々に放流量を増やすのは、ダムからの放流量を急激に増やすと、瞬間的に川の水位が増す段波という危険な現象が下流で生じる可能性があるからです。ただし、徐々に増やすといっても、下流の水位は急激に上昇するので、程度の差はありますが危険な状況は生じやすいです。18年の西日本豪雨の際には、全国の８つのダムで異常洪水時防災操作を実施しました。そのうち、愛媛県大洲市（肱川水系）にある鹿野川ダムと広島県呉市にある野呂川ダムではピーク流量の低減は5％以下でした。河川の流量がピークを迎える前に洪水調節容量が満杯近くになってしまったため、ピーク流量をほとんど減らすことができなかったのです。

予備放流と事前放流　～洪水時に洪水調節容量を実質的に増やす操作～

できるだけ洪水調節機能を失う状況にならないようにするための対応として、予備放流と事前放流により洪水時に洪水調節に使えるダムの容量を増やす方法があります。

予備放流と事前放流はどちらも、洪水調節を実施する必要が生じると見込まれる場合に、あらかじめ放流量を増やしてダムの水位を下げる操作です。

予備放流は、洪水調節容量と利水容量の一部をダム計画上重複させて、その重複分の容量を洪水調節の実施が必要になる洪水が到達する前に放流するものです。

事前放流は、ダム計画上は洪水調節容量と利水容量の重複がない点で予備放流とは異なります。あるいは、それらの容量の重複がダム計画上あっても、その重複分以上に洪水調節容量を確保する場合にも、容量の重複を越える分の放流は事前放流になります。

予備放流は、ダム建設費の負担割合を決める段階で容量の重複分も織り込んでいるのに対して、事前放流はそうではありません。共同所有物を使うのが予備放流、他人の所有物を借りて使うのが事前放流です。

事前放流を行う場合、本来は利水のための容量を洪水調節のために使うので、洪水調節が終わった後には利水のために必要な貯水池の水位を回復させることが必要になります。気象予測が外れて思ったほど雨が降らなかった場合には利水への影響が生じて、利水者に損失が生じる可能性があります。借りた物を返せなくなるという事態です（実態としては、利水者の理解により万一の場合の補填といったことなしに事前放流を行っている場合も多いのですが）。そういったリスクがあるので、事前放流を行うことができるのは、貯水池の回転率が速いダムなど水位の回復の確実性が高いダムになります。

通常より洪水時の放流量を絞り込む特別防災操作

ダムがある場所とは別の支川やダムよりも下流の流域で豪雨があった場合には、ダムの洪水調節容量には十分余裕があるのに下流では被害が生じる場合があります。このような状況の発生が見込まれる場合に、通常よりもダムからの放流量を絞り込み、下流での洪水被害を軽減するのが特別防災操作です。

特別防災操作を行った場合、ダムの上流域で予想を超える量の雨が降り、異常洪水時防災操作が必要になったりすると、下流の被害を減らすどころか逆に増やすことにもなりかねません。従って、事前放流の場合同様、特別防災操作を行う際にも気象予測の情報が重要になります。

他の洪水対策と比べたダムの特徴

治水対策として堤防を造る場合には、中流部の一部だけ整備すると、本来であればその場所であふれていた洪水があふれなくなることにより、対岸側や下流部ではむしろ氾濫が生じるリスクが増えてしまいます。このため、堤防は下流から整備していくのが現在の治水の原則になっています（図4左）。昔は、徳川幕府の御三家であった尾張の国を守るために、木曽川の右岸側（西側）は、「お囲い堤」と呼ばれる左岸側（東側）の堤防よりも3尺（約90cm）低い堤防しか造ることが許されませんでした。この例に見られるように、より強い権力を持っている側が、高い堤防を築いて洪水被害のリスクを他の地域に転嫁するような事も行われましたが、そういった事を実施できる時代ではなくなったのです。

堤防を下流から整備していく場合、中上流部では順番が回ってくるまで整備が進みません。大被害が起こった時などには、中上流部でも集中的に整備される場合もあります。た

図4■ 治水効果が及ぶ範囲に関する堤防整備とダム整備の比較

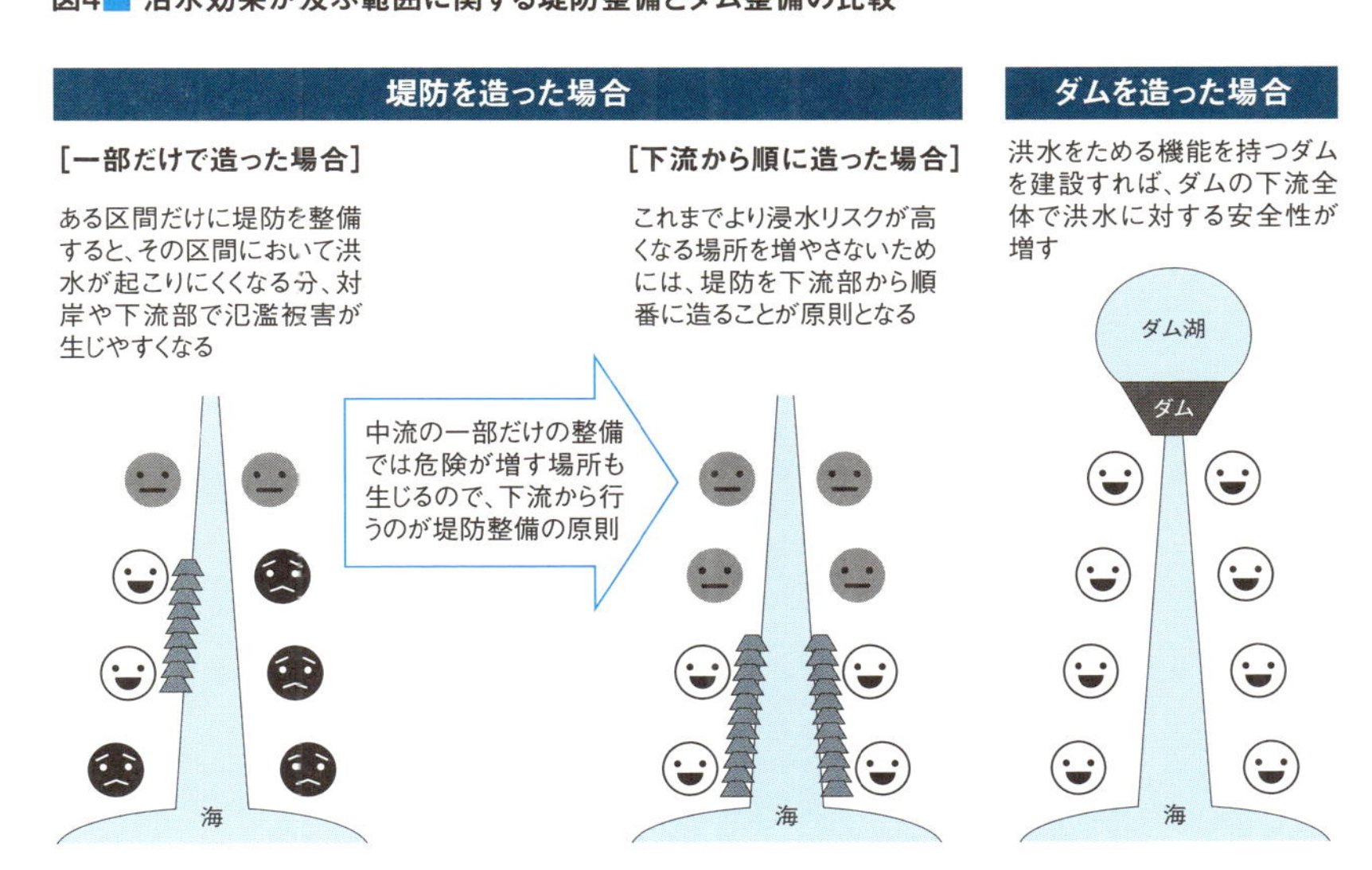
堤防を造った場合
[一部だけで造った場合]
ある区間だけに堤防を整備すると、その区間において洪水が起こりにくくなる分、対岸や下流部で氾濫被害が生じやすくなる
中流の一部だけの整備では危険が増す場所も生じるので、下流から行うのが堤防整備の原則
[下流から順に造った場合]
これまでより浸水リスクが高くなる場所を増やさないためには、堤防を下流部から順番に造ることが原則となる
ダムを造った場合
洪水をためる機能を持つダムを建設すれば、ダムの下流全体で洪水に対する安全性が増す
ダム湖
ダム
海
海
海

だし、その場合でも下流部も相当程度の安全度が確保されるように合わせて改修することが一般です。中上流部では、基本的に下流部の河川改修の進捗に合わせて、少しずつ段階的に整備を進めていくしかないのです。

一方、ダムを造れば、上流部のダムで洪水をためるため、下流全体にわたって被害軽減の効果を持ちます（図4右）。このため、下流から整備が進むのを待つ必要はありません。もっとも、ダムの建設は、合意形成や環境影響評価手続き等に時間がかかりますので、堤防よりも早期に効果を発揮すると必ずしもいえません。

なお、極めて大きな洪水の場合にはダムが満杯となって洪水をためることができなくなるので、ダムは抜本的な治水対策にならない、効果を発揮できる「ストライクゾーン」が狭いといった批判があります。確かに、洪水をためていってダムが満杯になると予測される場合には、先述したように、最終的にはダムの上流から流れてきた洪水を全て下流に流す操作に移行しますので、ダムがあればどんな洪水でも被害を少なくできるわけではないのです。

しかし、この効果に限界があるのはダムに限ったことではありません。堤防も「両刃の剣」といわれることがあります[1]。堤防が持ちこたえられる範囲の洪水であれば効果を発揮しますが、堤防が決壊してそこから洪水が一気に流れ出した場合には大きな被害が出ることになります。特に高い堤防が決壊すると、川の水が持つ位置エネルギーが運動エネルギーへと転換し、激しい勢いの流れが生じて大変危険です。

他の主要な治水対策としては遊水地や放水路があります。遊水地は水をためることによる治水対策ですので、一定以上の水はためられないといったダムと同様の限界があります。放水路は、ある区間の河川の水を別の水域にバイパスするため、迂回させた区間に対する抜本的な対策になります。またその効果は放水路の分派地点より上流にも及びます。一方で、放水路は一般的に平地部に建設されるため、山間部に建設されるダム以上に地域への影響が生じやすくなります。また、環境面や管理面の課題を伴う場合があり、放水路沿いの浸水リスクを増やすことができないといった制約も生じます。

万能の対策がなかなかない中、どんな規模の災害の際にもできるだけ被害が生じないように、それぞれの河川の状況に応じて、ハード・ソフト両面の対策を組み合わせて対処するしかないのです。

日本と海外のダムの変遷

ダムの役割は時代とともに変わってきました。これからのダムの在り方、求められる役割を考えるためにも、ここでは、ダムの建設目的の歴史的な変遷についてご紹介します。また、日本のダムやダム政策の特徴を明確にするため、世界におけるダム事業の変遷と対比させながら見ていきたいと思います。特に、日本と並びダム大国であった米国との比較からは、得られる示唆が多いです。

世界一のダム大国だった日本

世界中のダムに関する最新の統計としては、国際大ダム会議が編さんしているワールド・レジスター・オブ・ダムズがあります（以下、大ダム会議統計）。この大ダム会議統計（2018年4月版）のデータを用いてダムの歴史を振り返ってみます。なお、大ダム会議統計では、国によっては一部情報が抜けていたり、既に廃止されたダムは載っていなかったりといった制約があるので、その点は割り引く必要があります。

図5に日本と米国、世界のダムの完成時代別の割合を示します。完成時期不詳のダムは含めていません。日本の高度経済成長期におおむね相当する1958～77年の期間に、ダムの完成ラッシュがあったことが分かります。

なお、最も完成時期不詳のダムが多い中国の場合、2万3841のダムのうち5799が完成時期不詳となっています。中国が大ダム会議統計に登録しているダムは最も古いものでも1925年完成です。このため、中国を中心として古い時代に建設されたダムの数は、もっと多いと思われます。また、大ダム会議統計では大ダム（高さが15m以上のダムか、高さ5m以上かつ総貯水量300万m³以上のダム）が登録対象なので、小規模なダムは含まれていません。

1818年以前は、世界の632基のダムのうち日本のダムは514基に上っています。率にして81％です。当時の中国の状況が不明ではありますが、少なくとも世界的な統計で確認できる範囲では、今から200年前（江戸時代後期）には日本は世界一のダム大国だったのです。

日本がダム大国だった要因としては、昔から高度な土木技術力を有していたことや、水が決定的な役割を果たす水稲栽培が発達していたこともありますが、日本の河川流量の変動が大きいことが考えられます。

国内の河川は一般に流域面積が小さく急勾配なので、自然のままだと降った雨のほとんどが短時間で流出してしまいます。また、雨は安定して降らず、太平洋側なら梅雨や台風等の際にまとまって降り、冬場にはあまり降りません。こういった国土特性のため、最大流量と最小流量の差が数百倍から数千倍になる川も多くあります。大陸の河川ではこの差が数倍から数十倍といった程度が普通なので大きく異なります。このため、日本では全体として雨に恵まれているのに、流量が少ないときの川の水では稲作に必要な水が賄えない場所も多かったのです。

こういった自然条件を背景に、弥生時代の末期に、流量が多いときにため池に水をた

図5■ 完成年代別の日本・米国・世界のダムの割合

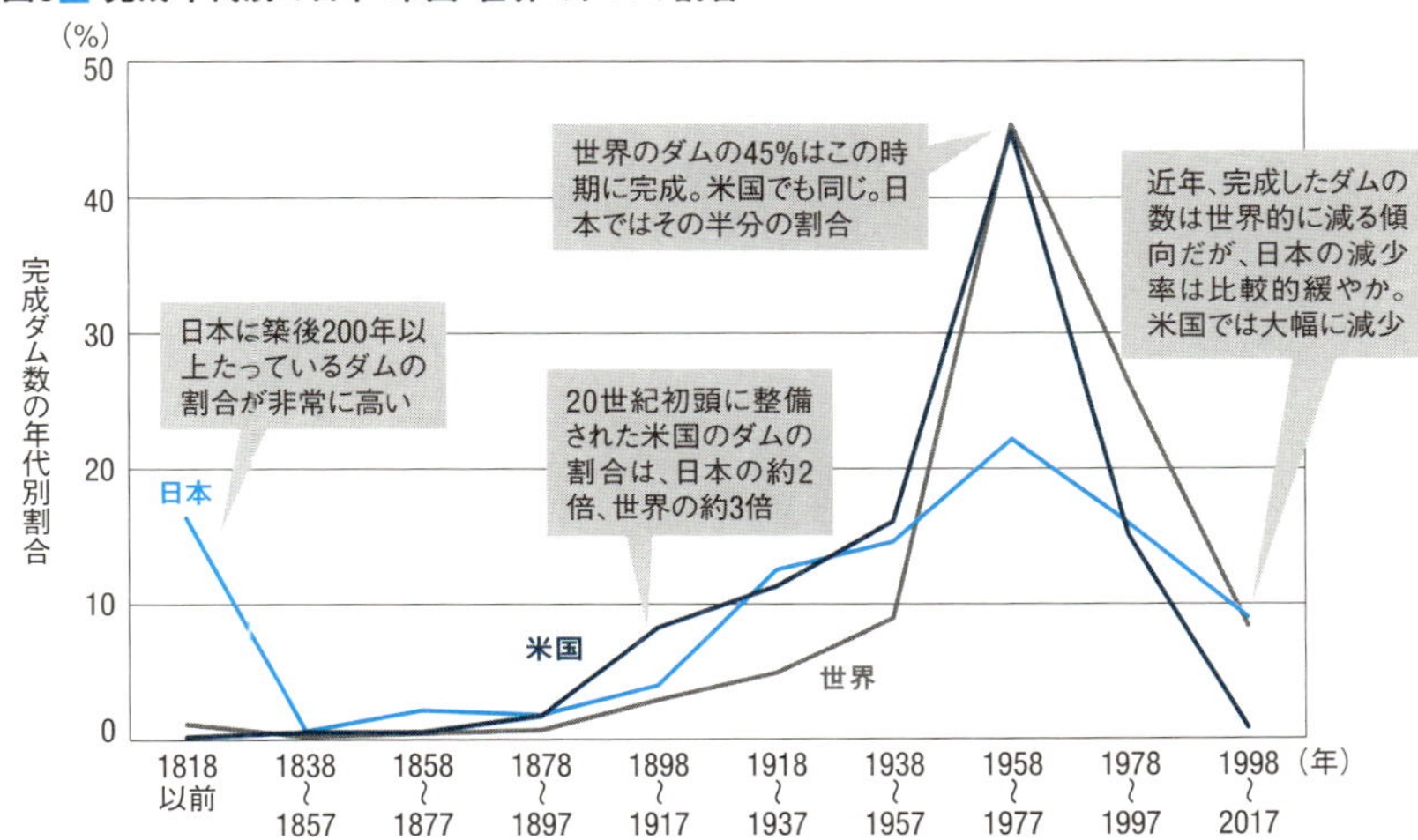
(%)
50
40
30
20
10
0
完成ダム数の年代別割合
世界のダムの45%はこの時期に完成。米国でも同じ。日本ではその半分の割合
近年、完成したダムの数は世界的に減る傾向だが、日本の減少率は比較的緩やか。米国では大幅に減少
日本に築後200年以上たっているダムの割合が非常に高い
20世紀初頭に整備された米国のダムの割合は、日本の約2倍、世界の約3倍
日本
米国
世界
1818以前
1838〜1857
1858〜1877
1878〜1897
1898〜1917
1918〜1937
1938〜1957
1958〜1977
1978〜1997
1998〜2017
(年)

World Register of Dams (April 2018 Update Edition)に基づいて作成。ただし、建設年次が登録されていないダムや完成年次が2018年以降のダムは含めていない

め、川の水が少ないときにその水を使うという発想が生まれました。諸説ありますが西暦162年（607年説もあり）に奈良に造られた蛙股池（かえるまたいけ）が日本で最初のため池ではないかといわれています。いずれにせよ、飛鳥時代に入り、ため池は西日本で盛んに造られました。狭山池（616年完成、大阪府）や満濃池（700年頃完成、香川県）など、稲作を主な目的としてダムやため池が造られダム大国が形成されたのです。現在のダムとため池の総数は、全国で約17万もあります。

目的が農業、上工水から発電、治水へ

次に世界と日本におけるダムの変遷を見ていきましょう（**図6、7**）。ダムの目的としては19世紀初頭まで、日本においても世界においても農業目的が圧倒的に多数でした。

世界のダム建設の目的別割合を見ると、

図6■ 完成年代別の世界のダムの目的別割合

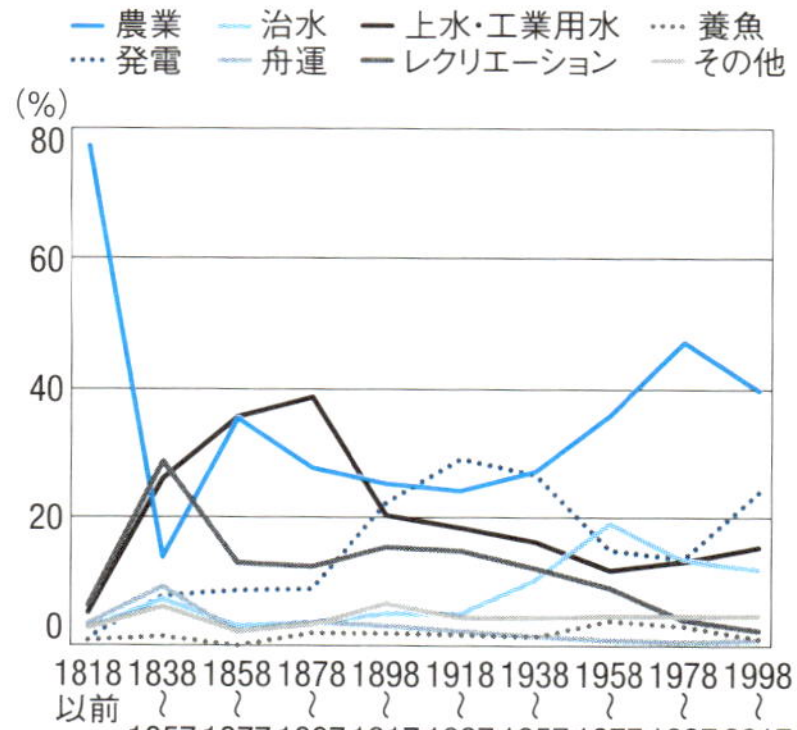

農業
治水
上水・工業用水
養魚
発電
舟運
レクリエーション
その他
(%)
80
60
40
20
0
1818以前
1838〜1857
1858〜1877
1878〜1897
1898〜1917
1918〜1937
1938〜1957
1958〜1977
1978〜1997
1998〜2017
（年）

World Register of Dams (April 2018 Update Edition)に基づいて作成。ただし、建設年次が登録されていないダムや完成年次が2018年以降のダムは含めていない

図7■ 完成年代別の日本のダムの目的別割合

農業
治水
上水・工業用水
養魚
発電
(%)
100
80
60
40
20
0
1818以前
1838〜1857
1858〜1877
1878〜1897
1898〜1917
1918〜1937
1938〜1957
1958〜1977
1978〜1997
1998〜2017
（年）

World Register of Dams (April 2018 Update Edition)に基づいて作成。ただし、建設年次が登録されていないダムや完成年次が2018年以降のダムは含めていない

１８３８年からの20年間にはレクリエーション目的が首位になっています。この頃には、米国でレクリエーションを目的に含むダムが多数建設されました。

19世紀末には、水道や工業用水の供給がダムの建設目的として最も多くなりました。飲み水を安定して供給するダムや、産業革命により盛んになった工業へ用水を供給するダムが増えたということです。

続く20世紀前半は、水力発電を目的としたダムの建設が全盛期を迎えました。エジソンが発熱電灯の実用化に成功したのが１８７９年、世界初の水力発電がニューヨークで始まったのが82年、そして20世紀に入って発電目的のダム建設が最盛期を迎えたわけです。

19世紀以降は全体の数パーセントのダムが治水目的で建設されてきましたが、その割合が大きく増加し19％にまでなったのは１９５８～77年のダム完成ラッシュの時期です。その頃には、米国において治水目的を持つダムが集中的に建設されました。この時期に世界で建設された治水目的を持つダムのうち、53％が米国です。

ダム大国は日本から米国そして中国へ

図８に、最近20年間（１９９８～２０１７年）とダムの完成ラッシュを迎えた20年間（１９５８～77年）、そしてそれらの期間よりも１００年前の時期における完成ダム数の国別シェアを示しています。

日本が１８１８年時点でダム大国であったことは既に述べましたが、明治維新の前後に当たる

1858～77年の時期においても日本はダム完成数で世界一でした。次いで、英国、米国と先進国が続きます。しかし、日露戦争や第一次世界大戦があった時期（1898～1917年）には、米国が世界のダムの約半分を建設するようになります。

第二次世界大戦後のおおむね日本の高度経済成長期に相当するダム完成ラッシュの時期には、中国が世界一の座を占め、米国、インド、日本と続きます。さらに、最近の20年間では、中国、インド、トルコ、イランと続き、日本が第5位となっています。

図8■ 完成年代別のダムの国別構成比

[1858～1877年:ダム完成ラッシュより1世紀前の20年間]

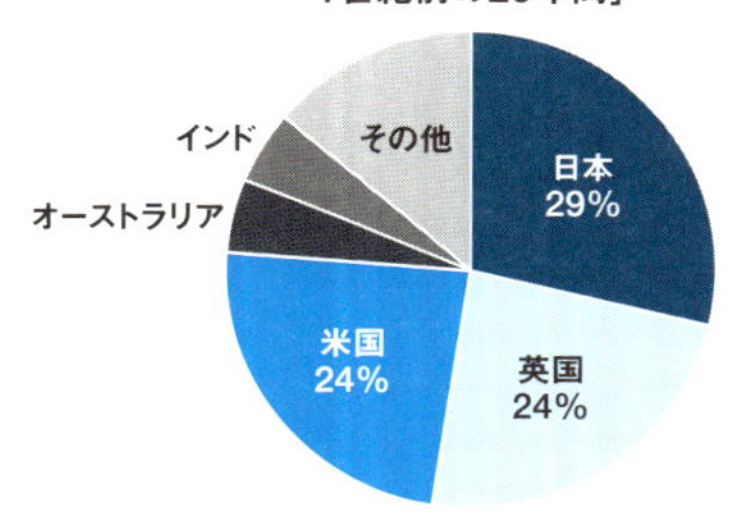
その他
日本
29%
インド
オーストラリア
米国
24%
英国
24%

[1898～1917年:今から1世紀前の20年間]

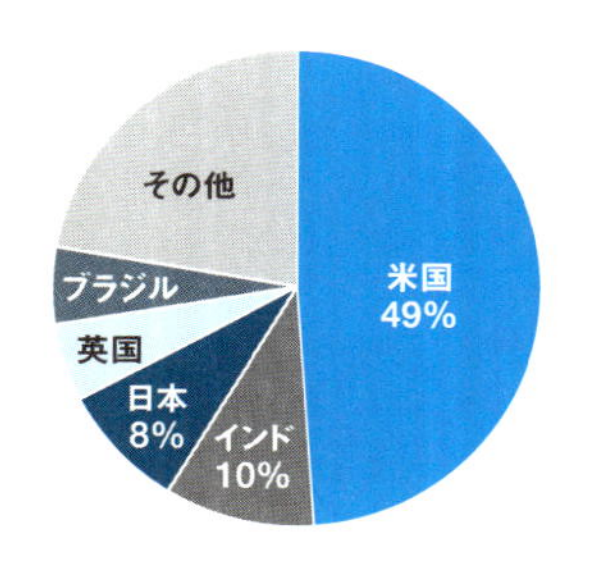
その他
ブラジル
英国
米国
49%
日本
8%
インド
10%

[1958～1977年:ダム完成ラッシュの20年間]

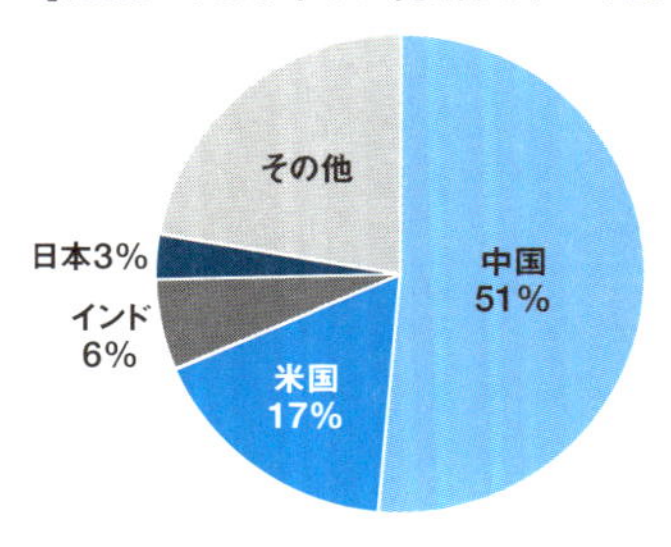
その他
日本3%
インド
6%
中国
51%
米国
17%

[1998～2017年:最近20年間]

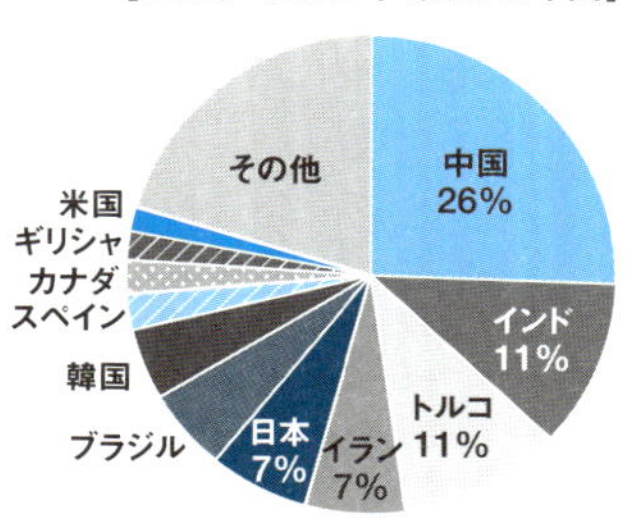
その他
中国
26%
米国
ギリシャ
カナダ
スペイン
韓国
ブラジル
日本
7%
イラン
7%
トルコ
11%
インド
11%

World Register of Dams (April 2018 Update Edition)に基づいて作成。ただし、建設年次が登録されていないダムや完成年次が2018年以降のダムは含めていない

コラム　米国が世界一のダム大国になった事情

１８９７年までの20年間では世界のダムの39％が米国で完成し、米国は世界トップのダム大国になりました。さらに、**図8**に示したように、その次の20年間では世界のダムの約半数が米国で完成しています。

また、過去に建設されたダムを含めた保有総数については、１８９７年末時点では米国の２９９基に対して日本が６５５基と２倍以上でした。しかし、１９１７年末時点では米国１０３０基に対して日本は７９１基と逆転し、ダム保有数で米国に首位の座を譲りました。

こうした米国の躍進の背景としては、もともと国土面積が圧倒的に広いことに加え、人口の伸びに代表されるような国力の伸張が急速に進んだことがあります（**図9**）。対比させ

図9■ 江戸時代後期から大正時代にかけての日米の人口の推移

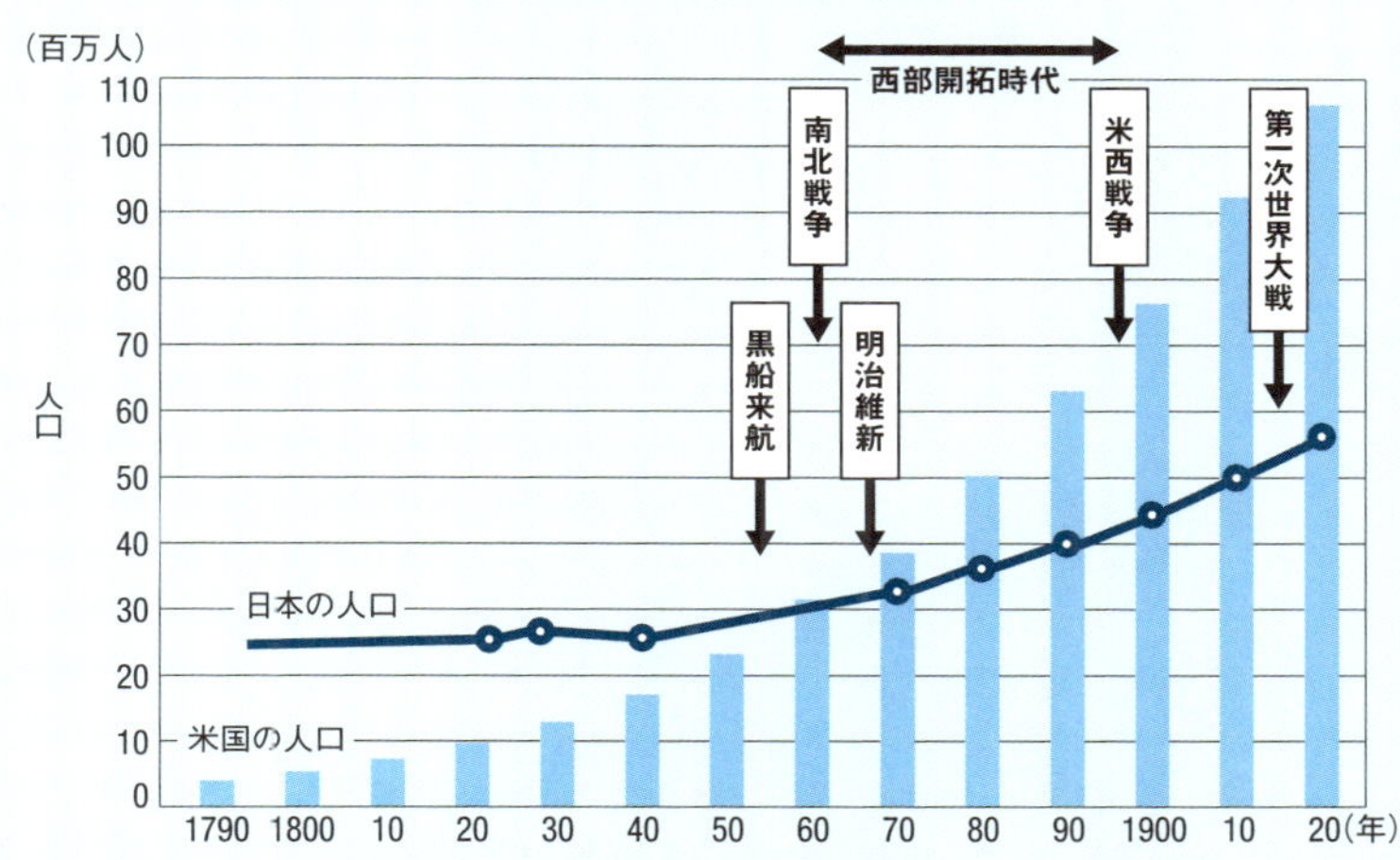

(百万人)
110
100
90
80
70
60
50
40
30
20
10
0
人口
西部開拓時代
南北戦争
米西戦争
第一次世界大戦
黒船来航
明治維新
日本の人口
米国の人口
1790
1800
10
20
30
40
50
60
70
80
90
1900
10
20(年)

米国のデータはUnited States Historyの資料に基づく（https://www.u-s-history.com/pages/h980.html）。日本のデータは、1880年以降については総務省統計局の「日本の長期統計系列」、それ以前についてはWikipedia上の「江戸時代の人口統計」（2019年9月6日時点版）のうち基本数値として示されたもの

る意味で日本の人口も示しています。日米の人口の逆転に続いて、ダム建設数の逆転を迎えています。

１８６０～90年頃には米国で西部開拓が進みました。米国の中西部は年間を通じてほとんど雨が降らない場所が多く、西海岸沿いのような比較的雨が降るエリアでも夏場にはわずかしか雨が降りません。このように、東部と比べて気象条件が厳しい場所が多く、水資源開発が西部開拓を進める上での重要条件であったこともダム建設を後押ししました。

さらに、第一次世界大戦（１９１４～18年）により欧州諸国が疲弊する中で、着々と米国が国力を蓄えていたことも、１９１７年までの20年間で世界の完成ダムの半分を米国が占めた背景にあると思われます。

第一次世界大戦後にダム建設の進展期を迎えた日本

日本も米国から一足遅れて、ダム建設が大幅に進展する時期を迎えました。１９１８年からの20年間（第一次世界大戦終了後から第二次世界大戦前までの時期）に完成した日本のダム数は、その前の20年に比べて3倍以上となったのです。この時期に特に増えたのは発電ダムです。その前の20年間と比べて、発電を目的に持つダムの完成数は約10倍に増加。殖産興業の旗印の下で、発電ダムは最も整備が急がれた社会資本の１つだったのです。

なお、この期間に完成したダム数は日本の３９２基に対して米国は１００８基ですので、日米間の差が縮まったわけではありません。そもそも米国は日本の約25倍の国土面積を持ち人口も多い国なので、比較にならないともいえます。19世紀までの時代において日本が世界一のダム大国であった事の方が驚きかもしれません。

なおダムの数よりも、本来はダムの総貯水容量（ダム湖の容量全体）や有効貯水容量（総貯水容量のうち利水・治水等で使える部分の容量）で比較する方が、ダムの効果を測る物差しとしてはよいとも考えられます。総貯水容量ベースでは、日本がダム建設の進展期に入る前の1917年末時点で、日本が総貯水容量1億3600万㎥に対して米国は612億㎥で日本の約450倍。37年時点で比べると日本が総貯水容量5億4400万㎥に対して米国は1760億㎥で日本の約320倍。日本のダム建設進展期の前後で日米の差は、総貯水容量の倍率こそ縮まったものの、絶対量では差が開きました。なお、現在日本のダムの総貯水容量が約235億㎥なのに対して、米国は1兆491億㎥と差は45倍に縮まっています。

戦前の治水ダム整備の遅れのツケを戦後払わされた日本

日本最初の治水機能を持ったダムは、731年に行基が築造した兵庫県伊丹市にある昆陽池（こやいけ）であるといわれています。世界大ダム会議統計によると、治水目的を持つ世界最古のダムは、1363年に完成したチェコのDVOŘIŠTĚダム。日本では1633年に完成した愛知県犬山市の入鹿池が最古です。

日本における治水を目的に含んだダムの歴史は長いわけですが、本格的に建設されるようになったのは第二次世界大戦後です。戦前・戦中（1945年以前）に完成した治水目的を持つダムは日本では5基だけなのに対して、米国では312基です。戦前期には、ダムによる治水という面では、ダム数で見る限り日本と米国の間には大きな差がありました。

実は戦前にも、洪水調節目的も含んだ多目的ダムの建設や湖沼開発を行う河水統制事業が各地で計画され、実施に移されました。しかし、第二次世界大戦の影響で多くの事業は中断されることとなりました。

戦後になると荒廃した日本の国土で、多くの死者・行方不明者数を出す大水害が相次いで生じました（**図10**）。このため、治水対策へのニーズが高まり、戦前に計画されていた河水統制事業に基づく事業をはじめとして各地でダムや堤防の整備が進みました。

戦後は、復興が進み人口が増え産業が発展する中で、都市用水の供給へのニーズも高まりました。このため、戦前に河水統制事業として計画されていたものも含めた多目的ダムの建設が各地で進められました。

多目的ダムに関する関係者間の協議円滑化などのため、1957年には、治水、利水等の受益者間での費用負担や関係者間の協議の方法等を規定した「特定多目的ダム法」が施行されました。

図10 戦後の大水害

年	名称	死者・行方不明者（人）
1945	枕崎台風	3756
1947	カスリーン台風	1930
1948	アイオン台風	838
1949	デラ台風	468
	キティ台風	160
1950	ジェーン台風	539
1951	ルース台風	943
1953	西日本豪雨	1001
	紀州大水害	1015
	13号台風	478
1954	洞爺丸台風	1761
1957	諫早大水害	992
1958	狩野川台風	1189
1959	伊勢湾台風	5098

また61年には水資源開発促進法と水資源開発公団法が施行され、これによりダム等による水資源開発を加速する法的枠組みの基礎が整い、多目的ダムの建設を制度面で支えました。

日本の成長を支えたダムによる都市用水の供給

作家のイザヤ・ベンダサン氏が著書「日本人とユダヤ人」の中で、「日本人は水と安全は無料で手に入ると思い込んでいる」という在日外交官の言葉を取り上げて日本人の分析を行ったのは1971年のことでした。ベンダサン氏は、日本人の感性の背景として「周囲には海という巨大な天然の浄化槽があり、しかも流れの速い短い川という天然の清掃装置があった」と、排水面に触れています。これに加え、多くの場所で渓流の水や地下水をそのまま飲み水として利用できるといった取水面での特性もあるものと思われます。

実際に日本では、排水を通じてコレラや赤痢等の水系感染症が古来より幾度も広がり、ときにはそれが遷都の要因となっています。また、激しい水争いも各地で起こって、ため池や用水路の整備、河川の付け替え等の「無料」ではない努力が積み重ねられてきています。しかし、そういった記憶は必ずしも伝承されず、その時々の状況によって判断しがちとなるのが人間の性かもしれません。

いずれにせよ、日本の人口や産業が、水量・水質の面で国土が持つ環境容量の範囲内であった時代には、「水と安全は無料」という感覚でも済んでいたわけです。

しかし、第二次世界大戦後の人口の増加や重化学工業の発達により、国土の持つ環境容量を超えて開発が進みました。人口の増加と工業の発達は、地下水のくみ上げに伴う地盤沈下を各地で生じさせるとともに、河川や海域の深刻な水質汚濁をもたらしました。

地盤沈下[2]については、東京の江東デルタ（砂町）では４～５ｍ、大阪（西淀川区百島）で２～３ｍといった具合に、全国の都市部の沖積低地で進んだのです。その後、工業用水法やビル用水法、公害対策基本法等に基づいたくみ上げの規制や地盤沈下対策要綱の制定等により、多くの場所では地盤沈下は収まりました。東京都心などでは地下水位の回復が進み、水圧の上昇による建物への影響が生じたりするまでになっています。ただし、新潟平野（六日町）や千葉県（茂原市）のように、最近でも地盤沈下が継続している場所もあります。19年の台風19号で浸水した宮城県丸森町役場でも最近30年に生じた約１ｍの地盤沈下が被害を拡大させました。

河川の水質汚濁については、例えば東京・隅田川では１９５０～60年代には水質が極度に悪化し、河川の水質の代表的指標であるＢＯＤ（生物化学的酸素要求量）は、60ｍｇ／ℓという強い悪臭がするドブ川のレベルでした（三河島地点）。なお、その後は水質改善が進み、最近の隅田川ではＢＯＤは２ｍｇ／ℓ台となっています。ただしこの改善は、単に下水道整備や工場排水水質規制等だけでなく、利根川の水を荒川経由で隅田川に導水したことも大きく効いています。

２０２１年の東京オリンピックでは、トライアスロン競技を行うお台場の水質の悪さが課題となりましたが、１９６４年の東京オリンピックの際にも隅田川の水質が大きな懸念事項でした。水質の問題と東京の水不足の問題を併せて解決する方策として、利根川から荒川への導水等を行う利根導水事業が実施されました。水質面もさることながら水不足の方はさらに事態が深刻で、東京オリンピックが開催された１９６４年は5月から記録的な渇水となり、7月10日から10月１日まで84日間にわたって最大50％の給水制限が実施されたのです。小河内、村山、山口の３つの貯水池が底をつき、「東京砂漠」といわれる状況が起こりました。

オリンピック開始直前の８月に秋ケ瀬取水堰が完成し、農業用水路である見沼代用水を経由して利根川の水を荒川に導水し、さらに荒川の秋ケ瀬取水堰を経由して、東京や埼玉の浄水場に上水道の原水を供給するとともに、隅田川に浄化用水を送る体制がやっと整いました。利根導水事業による利根川からの導水がなければ、さらに深刻な事態になっていたでしょう。ぎりぎりのところで救われたわけです。この時の状況は作家高崎哲郎氏の「砂漠に川ながる」で詳しく紹介されています。

オリンピック渇水の際には、入浴・洗濯も制限され、プールや水洗便所は使用禁止となりました。水を多く使う理髪店、クリーニング店、製氷会社、そば屋、寿司屋、肉屋等が休業。衛生状態の悪化から食中毒も続出しました。昼間にも断水があったため、各家庭では洗濯や炊事にも困り、会社を休んで給水車を待ち、水運びによる過労、流産、水ドロボウやケンカが起こるなど、市民生活に多大な影響が出ました。さらに、手術ができず、急患以外は休診するなど医療活動への影響の他、消火栓の水圧の低下から消防活動へも影響がありました。

応急給水対策としては、給水車１２０台や自衛隊の２１５台の車両が連日出動し、さらに警視庁、米軍による応援給水の他、神奈川県からの緊急分水（日量10万㎥）などの対応がされました。

１９５０年代から60年代にかけては、少なくとも大都市部では国土の持つ環境容量をはるかに上回る環境負荷が生じていました。こうした状況の下で、渇水リスクの増大を抑止しながら、さらなる人口増加を吸収し、工業を発展させる上で、ダム建設を進めることは極めて重要な政策課題となったのです。

コラム　オリンピック後の水資源確保対策により救われた首都圏

１９６４年の東京オリンピック開催時点では、利根川においては建設省（現、国土交通省）の直轄事業として藤原ダム（１９５８年完成）、相俣ダム（59年完成）、薗原ダム（65年完成）が稼働していました。しかし、いずれのダムも治水や発電、不特定用水（既存の水利権分の水を安定的に取水できるようにするための用水）の供給を目的としており、都市用水（上水や工業用水）の供給は目的外でした。多摩川水系の小河内ダムは稼働していましたが、利根川水系では水源がない状況でオリンピックを迎えざるを得なかったわけです。

オリンピック後には、67年に矢木沢ダム、68年に下久保ダムが完成します。この両ダムは、利根川水系で初めて新規の農業用水、都市用水を供給する多目的ダムです。利根川と荒川を結んで利根川の水を東京と埼玉に導水する役割を持つ、武蔵水路の建設を核とする利根導水路事業も68年に完成しています。

こうした取り組みの結果、「東京オリンピック渇水」の際には渇水時の給水制限日数が首都圏全体で513日だったのに対して、96年の首都圏渇水のときには1割弱の41日に減少させることができました（**図11**）。

96年の首都圏渇水の際には、オリンピック渇水時よりも降水量が少ない一方で、オリンピック後の人口・産業の発展により必要な給水量は約1・6倍に増加するなど、より厳しい状況でした。一方、オリンピック渇水以降に利根川水系に5つのダム（矢木沢ダム、下久保ダム、草木ダム、川治ダム、奈良俣ダム）が完成したことにより、貯水容量は約2倍となっていました。このため、オリンピック渇水時のように大きな影響を国民生活に及ぼさなかったのです。

図11■ 東京都水道の水資源施設の整備と渇水被害

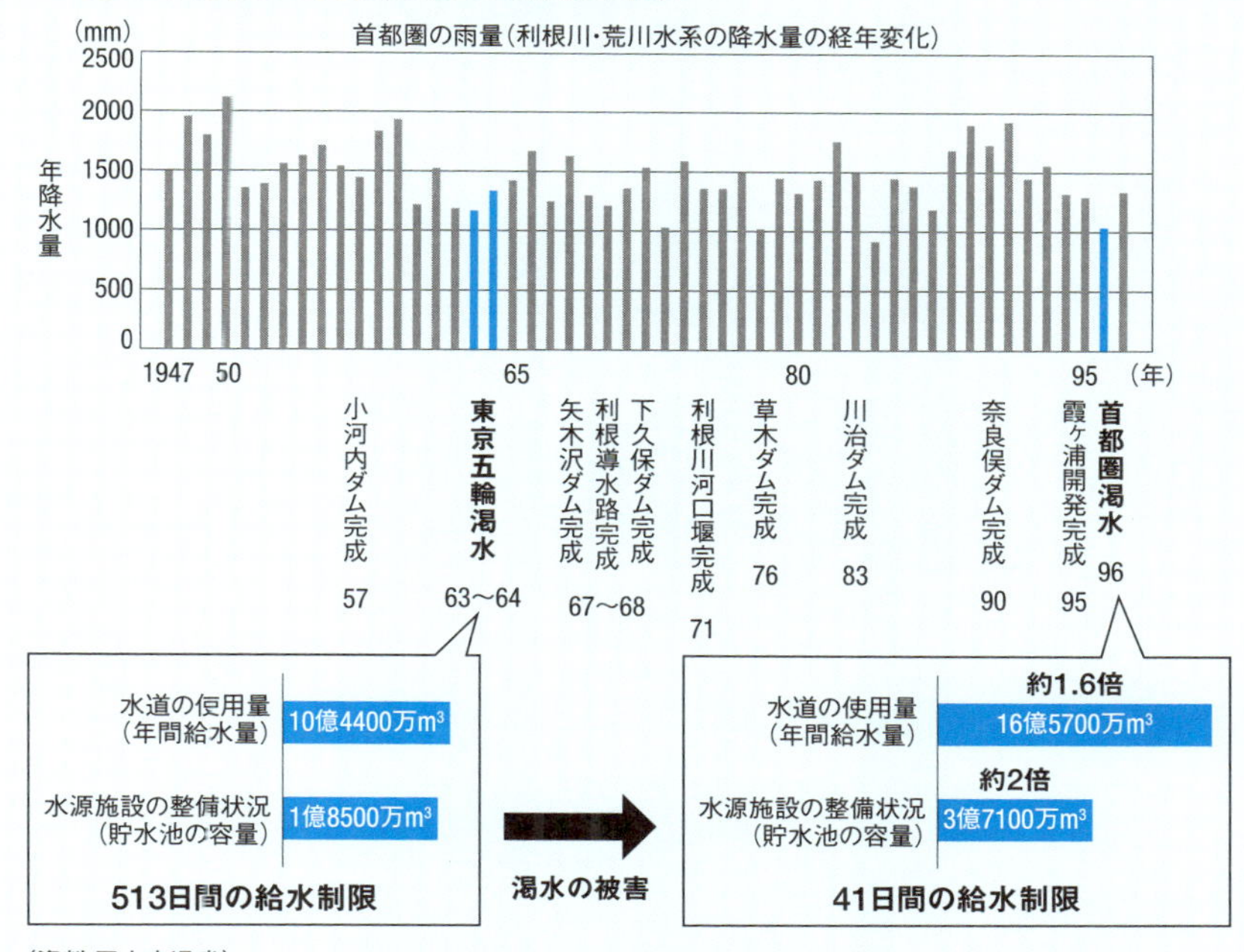
(mm)
首都圏の雨量(利根川・荒川水系の降水量の経年変化)
2500
2000
1500
1000
500
0
年降水量
1947
50
65
80
95
(年)
小河内ダム完成 57
東京五輪渇水 63～64
矢木沢ダム完成
利根導水路完成
下久保ダム完成 67～68
利根川河口堰完成 71
草木ダム完成 76
川治ダム完成 83
奈良俣ダム完成 90
霞ケ浦開発完成 95
首都圏渇水 96
水道の使用量(年間給水量)
10億4400万m3
水源施設の整備状況(貯水池の容量)
1億8500万m3
513日間の給水制限
渇水の被害
約1.6倍
水道の使用量(年間給水量)
16億5700万m3
約2倍
水源施設の整備状況(貯水池の容量)
3億7100万m3
41日間の給水制限

（資料:国土交通省）

ダム完成ラッシュの時期から最近までのダム整備の動向

１９７０年前後から各国で環境影響評価手続きの導入が始まったり、ダム開発が進んだ国では建設に適した場所が少なくなったりしてダムの完成数は減りました。改めて１６１ページの**図5**を見ると日本や世界における近年のダム完成箇所数の減少の割合に比べて、世界に先駆けてダム建設を進めてきた米国の減少が大きいことが分かります。

94年に米国内務省開拓局のビアード長官は、「米国におけるダム建設の時代は終わった」と述べました。同国ではカリフォルニア州などの西部において、大型ダムの建設を開拓局が担当していました。80年代頃までに集中的な投資があって事業が一段落した一方、ダム建設に伴う環境への影響を重視する世論が高まり、69年に国家環境政策法（ＮＥＰＡ）に基づく環境影響評価手続きが定められた辺りから、環境を重視しダム建設に反対する勢力が拡大しました。さらにダム事業には、建設する場所と受益地が一般に異なること等から、反対運動が起こりやすい特性がもともとあります。以上のような要因が複合した延長上に、ビアード長官の発言があったのです。

しかし、米国が本当にダム建設を止めたのかといえばそうではありません。１６４ページの**図8**の右下グラフに示すように、数こそ減ってはいますが今でもダムは建設されていて、最近の20年間での完成箇所数では世界11位となっています。

発電面を中心としてダムを見直す最近の米国の動き

他方、米国では地球温暖化ガスの排出を伴わないエネルギー源として水力発電を見直す動きが進んでいます。

米国の連邦エネルギー省は2016年7月に、様々な将来シナリオ別に、将来の水力発電の妥当量を予測し、その実現のために必要な対応策のアクションプランやロードマップを「ハイドロパワービジョン」[3]としてまとめました。検討対象としたシナリオは50に上ります。（1）一定の技術の進歩が見込まれ、（2）低利での資金調達が可能で、（3）重要な生息地や貴重種の生息が確認されている河道区間等7つの環境条件のいずれかに該当する場所の開発は行わない――という中心的な予測シナリオでは、50年までに49ギガワット、倍率にして約1・5倍に

図12■ 米国における水力発電増強シナリオ

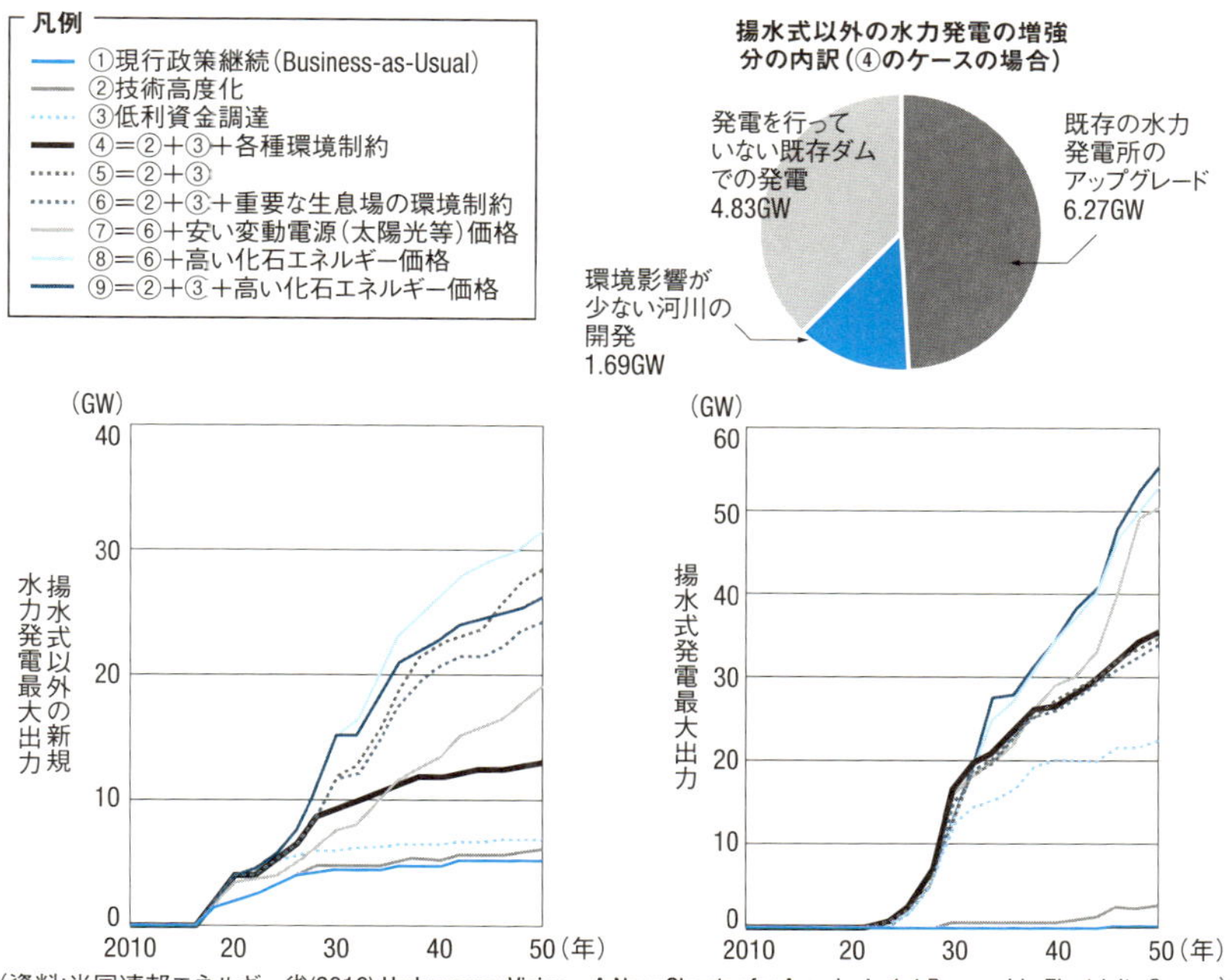
凡例
①現行政策継続（Business-as-Usual）
②技術高度化
③低利資金調達
④＝②＋③＋各種環境制約
⑤＝②＋③
⑥＝②＋③＋重要な生息場の環境制約
⑦＝⑥＋安い変動電源（太陽光等）価格
⑧＝⑥＋高い化石エネルギー価格
⑨＝②＋③＋高い化石エネルギー価格
揚水式以外の水力発電の増強分の内訳（④のケースの場合）
発電を行っていない既存ダムでの発電 4.83GW
既存の水力発電所のアップグレード 6.27GW
環境影響が少ない河川の開発 1.69GW
(GW)
40
30
20
10
0
揚水式以外の新規水力発電最大出力
2010
20
30
40
50（年）
(GW)
60
50
40
30
20
10
0
揚水式発電最大出力
2010
20
30
40
50（年）

（資料:米国連邦エネルギー省(2016) Hydropower Vision – A New Chapter for America's 1st Renewable Electricity Source）

水力発電の最大出力を増やすものとしています（図12の④）。

中心的な予測シナリオに対応した電源開発の内訳は、図12の右上の円グラフにあるように、約半分が既存の水力発電施設のアップグレードで、残りが既存の非発電ダムでの発電と新規の河川開発です。既存施設を最大限に活用しつつ、新たなダムや堰の建設も事業メニューに含んでいるのです。

以上のような水力発電増強策の実現のため、ハイドロパワービジョンでは、具体的な技術高度化策や制度的な改善策を含む21のアクションプランをまとめています。発電事業の許認可に関するコストの削減といったプランもその中に含めています。

ハイドロパワービジョンは水力発電部門のみに関するレポートです。トランプ大統領就任後の17年8月には、連邦エネルギー省長官からの諮問を受けて「電力の市場と信頼性に関するスタッフレポート」というエネルギー政策全般に関する報告書を作成。その中にも水力発電事業等に対する免許の付与・更新手続きの簡素化を図る必要があるといったハイドロパワービジョンの内容が反映されました。

このスタッフレポートを受けて、トランプ大統領の〝Make America Great Again（アメリカを再び偉大に）〟という公約をもじり〝Trump May Not Make His Wall, But He May Make Dams Great Again（トランプは国境の壁はつくれないかもしれないが、ダムを再び偉大にするかも）〟と題した記事が米国の経済紙フォーブスに載りました[4]。その後、実際にトランプ政権下では、米国水インフラ法（America's Water Infrastructure Act of 2018）が制定されました。そして、この法に基づき40メガワット未満（従来は5メガワット未満）の発電能力を持つ放流設備の許可証取得・更新を原則不要にするといった措置が直ちに取られました。また、発電が行われていないダムにおいて発電設備を設ける場合や、ダムの下流に放流した水を再びポンプでくみ上げてダムに戻して発電する循環型の揚水式発電事業を行う場合の民間または自治体による許可申請を、ファスト・トラック（迅速・簡易な手続き）で許可する手続き（Expedited Licensing Process）を導入。その具体的な手続きを盛り込んだ連邦規則[5]が19年4月に定められ、許可申請を受理してから2年以内に許可等の判断を下すよう努めることも明記されました。従来は審査手続きが長期にわたることが問題になっていたのです。

この他トランプ大統領は、18年10月に、内務省と商務省に対して、種の保存法や国家環境政策法に関連する規則や手続きで、西部における主要な水資源開発事業の実施上の障害を特定することを求めるメモランダム[6]も発しました。米国水インフラ法と合わせて、水力発電や水資源開発事業の実施上の阻害要因をできるだけ除く取り組みが進み出したわけです。

循環型の揚水式発電事業への許可簡素化が想定される例として、総貯水量352億㎥を有する巨大なフーバーダムにおけるプロジェクトをロサンゼルス市が検討しています[7]。水をくみ上げてダムに戻す際の電力源として、ダムの下流のソーラー発電施設を利用することにより、発電量が不安定なソーラー発電の弱点をカバーする計画です。いわばダムを蓄電池替わりに使おうというわけです。

この計画の実現へはまだ多くのハードルが残っている状況[8]ですが、既存ダムを改造してより大きな効果を生み出すダム再生事業が米国でも1つの潮流になっていることは間違いありません。例えば、堤体の高さが183mで全米第8位のシャスタ・ダムをさらに5・6mかさ上げする工事を、内務省開拓局が19年末に発注し24年までに完成させる予定で進めています。また、陸軍工兵隊が管理する堤体の高さ100mのフォルサム・ダムにおいても、治水機能増強を目的としたダム再生事業の準備が行われています。

この他、米国水インフラ法においては、陸軍工兵隊が管理するダムのうち水力発電を行っていないダムを対象に、18カ月以内に発電のポテンシャルが高いダムをリストアップして報告することも求めています。いわばダム再生事業の候補となるダムを探す取り組みが、発電面で法的に位置づけられたわけです。16年のハイドロパワービジョンで示された、既存の非発電ダムの改造による水力発電の増強策を法的にバックアップする取り組みであるともいえます。

日本も本格的なダム再生の時代に突入

米国における今後の水力発電の増強の手段として、既存の水力発電所のアップグレードや、発電用途のない既存ダムを発電できるように改良することが主要な手段になってきました。日本でも、既存ダムの改造（かさ上げ、放流設備の増設、土砂バイパストンネルの設置等）によってダムの能力を増強させるタイプの事業が、近年採択された新規のダム事業の多くを占めるようになっています。貯砂ダムを上流側に設ける等によりダムの長寿命化を図る事業や、複数のダムを組み合わせて全体での運用を最適化するといったハード・ソフト両面を合わせた既存ダムの活用策を、日本では「ダム再生」と呼んでいます。17年に国土交通省は「ダム再生ビジョン」を発表し、ダム再生を強く推進していくための施策を打ち出しました。19年度時点では、国土交通省所管の36の国のダム事業のうち、約4割（14事業）がダム再生タイプです。米国連邦エネルギー省がハイドロパワービジョンを公表したのが16年でしたので、この時期に両国は相次いで既存ダムの再生の必要性を示すとともに、その推進に向けた具体策をまとめたビジョンを公表したことになります。

日本のダムの課題と対応

ここまでは、主としてダムの社会への貢献について歴史をたどりながら見てきました。一方、ダム建設は地域社会や環境へ様々な影響を与えます（**図13**）。このため、ダム事業が批判を受けることもしばしばあります。典型的な批判のポイントを以下に示します。それぞれのポイントについて分析を行うとともに、今後の改善策について述べたいと思います。

①ダム湖等により地域を分断し、人口流出をもたらす
②土砂の供給を阻害し、下流の河川の河床低下や海岸の浸食を助長する
③土砂で埋まる運命にあり持続性が無い

図13■ ダム建設に伴う地域および環境への影響の模式図

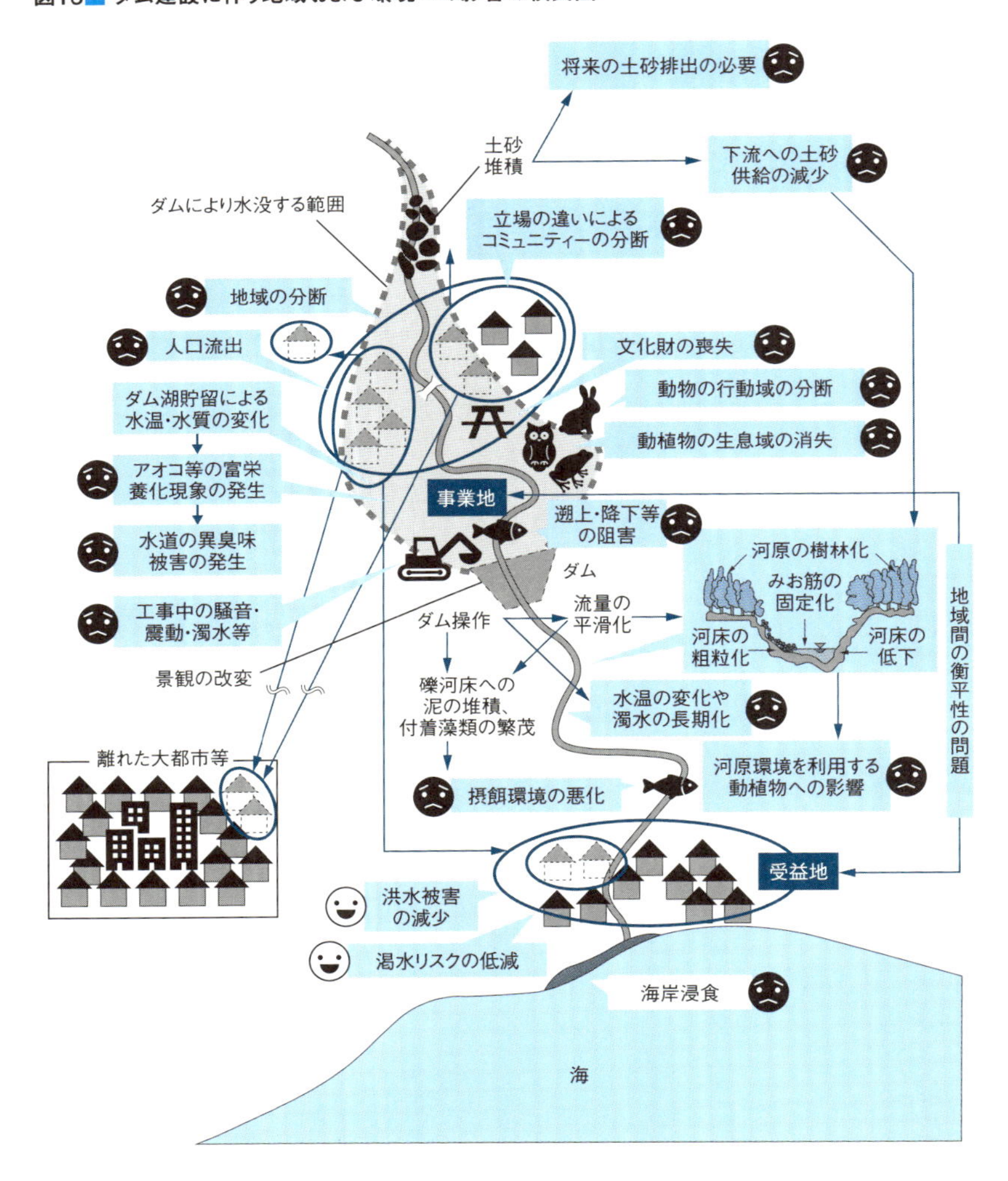

将来の土砂排出の必要
土砂
堆積
下流への土砂
供給の減少
ダムにより水没する範囲
立場の違いによる
コミュニティーの分断
地域の分断
人口流出
文化財の喪失
動物の行動域の分断
ダム湖貯留による
水温・水質の変化
動植物の生息域の消失
アオコ等の富栄
養化現象の発生
事業地
遡上・降下等
の阻害
水道の異臭味
被害の発生
ダム
河原の樹林化
みお筋の
固定化
工事中の騒音・
震動・濁水等
ダム操作
流量の
平滑化
河床の
粗粒化
河床の
低下
地域間の衡平性の問題
景観の改変
礫河床への
泥の堆積、
付着藻類の繁茂
水温の変化や
濁水の長期化
離れた大都市等
河原環境を利用する
動植物への影響
摂餌環境の悪化
受益地
洪水被害
の減少
渇水リスクの低減
海岸浸食
海

④ダム下流の流量が平滑化し、生態へ悪影響を与える
⑤ダム湖でアオコ等の富栄養化現象が発生し、水質が悪化する
⑥河川を遡上・降下する魚類等の移動を阻害する
⑦大洪水のときには役に立たない
⑧洪水時の放流により危険が生じる
⑨人口も減少し、水余りの世の中なので利水面では不要
⑩地震や洪水でダムが決壊し、下流に被害を及ぼすことが考えられる

地域の分断と人口流出の問題

ダムを人が住んでいない公有地などに造ることができればよいのですが、多くの場合、住んでいる方の貴重な土地を金銭で補償し、他の場所に移転してもらう必要があります。これは多くの公共事業と共通の課題ですが、例えば道路・鉄道のような「線もの」の場合であれば、自宅が事業地に掛かってしまったとしても、すぐ近くに移転することが大抵は可能です。一方、ダムの場合には水没地全体が移転対象地になる「面もの」で、離れた場所でないと移転先を確保できないことが多い点で異なります。

場合によっては、集落全体の移転が必要になる場合もあります。どちらにせよ、集落は従来のまま維持できなくなります。部分的な移転にとどまる場合には、補償金を得た人と得られなかった人との間で分断が生じたり、地主層と借地・借家人層の間で立場の違いが地域社会の維持を難

しくしたりする場合もあります。

また、ダムが建設される地域では先に述べたような様々な社会的な影響が生じる一方で、ダムによる受益者は、河川の下流域など別の地域に住む人々や企業であることが多く、事業地と受益地との住民間で衡平性の問題も生じます。

以上のような課題に対処するため、日本では後述する水源地域対策特別措置法という法律を制定し、受益地の自治体が水没地の人たちをサポートする仕組みを導入しています。この法律により、ダム建設に伴う水没地の人たちへの影響の緩和、生活再建の支援に取り組むことを制度化しました（**写真1**）。

もちろん、法律の枠組みがあっても、昔と同じ地域コミュニティーが維持できるわけではありません。受益地の人が水没地の人の痛みを理解し、感謝の気持ちを持つことが影響の緩和のためにも重要です。

写真1　下流域にある都県の支援を受けて、群馬県長野原町に建設された道の駅やんば

河床低下や海岸浸食とダムの持続性の問題

ダム湖ができることによって、上流から運ばれてきた土砂の多くはダム湖に堆積します。その結果、ダムの下流では、供給される土砂が減少し、河床の低下や海岸浸食が生じたりする他、もともとその場所にあった砂や小さな砂利が下流側に流れ出していくことによって河床のアーマー

化（粗粒化）と呼ばれる現象が生じたりします。場合によっては、生物の生息場にも影響が生じます。

一般にダム建設に際しては、建設後100年間にダム湖にたまる土砂の量を「堆砂容量」として見込んだ計画を立てます。実際に、想定するペース以上に土砂がたまる場合もあればそうでない場合もあります。ダムへの批判の中には、「想定以上に土砂が早くたまるのではないか」「計画通りであったとしても100年しかダムはもたないのではないか」といったものがあります。

全国的に見ると、堆砂率が想定のペースを大きく上回るダムは中部地方に集中しています。また、全国的に多くの河川では河床低下が進行しています。これもダムのせいといわれます。確かにダムで土砂が堆積する分、下流の河川や海に流れ出る土砂は減りますが、実は河川敷の土砂採取の影響もあります。

国交省の流砂系現況マップ[9]を筆者が図読したところ、例えば利根川や荒川では、ダムにおける堆砂量の合計よりも、河川敷の土砂採取量の方が多くなっています。海岸については利根川、信濃川―阿賀野川、最上川、遠賀川、大淀川等の河口付近や北海道南西部、富山湾、鳥取県等で汀線が後退する傾向があります。ダムにおける堆砂と河川敷の掘削が影響している場合があると考えられますが、仮にこれらの影響がなかったとしても、海岸線は変化している場合があるので注意が必要です。河川・海岸への土砂供給量が、火山噴火や大規模地震等が発生すると増え、それから時間がたつと減るといった変化もあり、海岸線についても必ずしも「自然状態＝平衡状態」であるとは限りません。

いずれにしても、ダムによる流砂系の遮断に伴う影響は、水系により様々だとしても存在するわけで、この問題を緩和するための方策も盛んに実施されるようになってきました。例えば、天竜川水系の三峰川に建設された美和ダムでは、多量の土砂を含んだ洪水時の水をダム湖に入る前に、土砂をバイパスするトンネルを通じて下流に流す方法が取られています。この他、ダムにたまった土砂を掘削しダム下流の河川に置いて洪水時に流したり、ダムに堆積した土砂を吸い出して下流に送ったりするなど、様々な方法が実施されるようになりました。

もちろん、堆砂容量分の土砂がたまっても、ダムが機能を果たさなくなるわけではありません。落差が重要な発電ダムの場合、取水口等への影響がなければ土砂堆積は大きな問題ではないし、その他の利水・治水目的を持つダムの場合、土砂堆積により容量は減少しても取水・放流施設への影響さえなければ、使える容量に応じた機能は果たせます。もっとも、そういった事態に至る前に、一般的には何らかの対策が行われます。

図14に、淀川の支川である木津川の上流で建設中の川上ダムが完成した後に、同じ流域の他ダムと連携してダム湖に堆積し

図14■ 川上ダムを活用した木津川上流ダム群の土砂対策

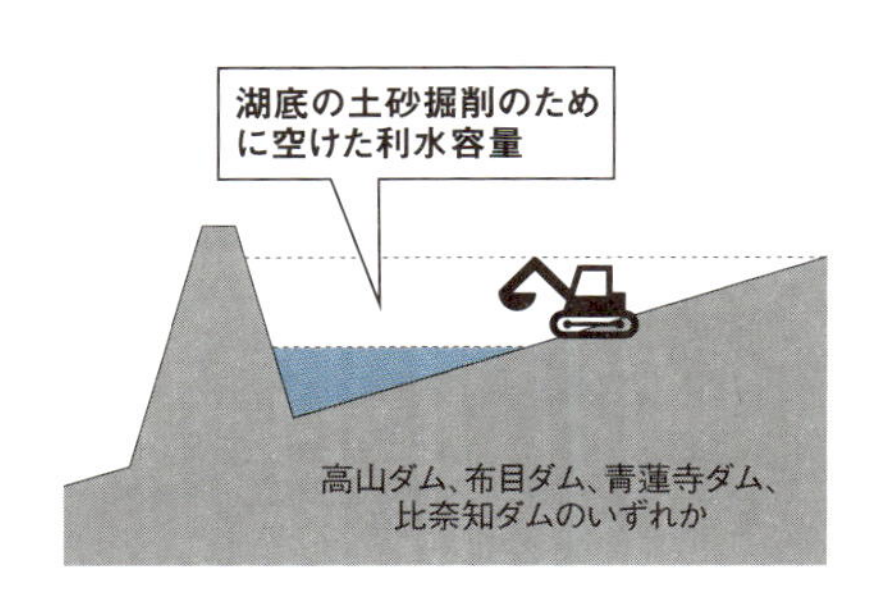
湖底の土砂掘削のために空けた利水容量
高山ダム、布目ダム、青蓮寺ダム、比奈知ダムのいずれか

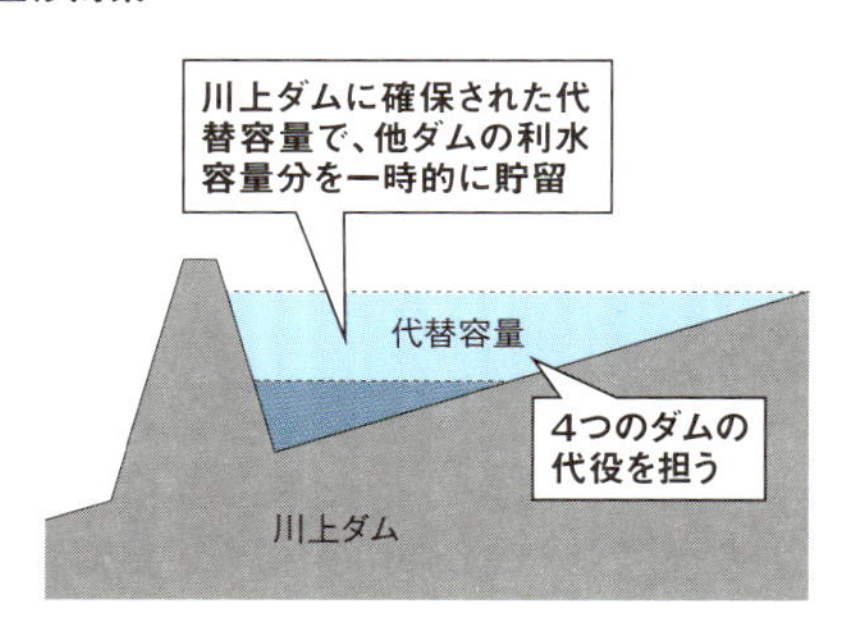
川上ダムに確保された代替容量で、他ダムの利水容量分を一時的に貯留
代替容量
4つのダムの代役を担う
川上ダム

た土砂の除去を効率化する計画を示します。1つのダムで堆積した土砂を除去する際には、一時的にそのダムの水位を下げて（利水容量の一部を空にして）、湖底の部分にまで重機が入って土砂を掘削できるようにし、その空にした利水容量分の水を川上ダムにためて運用する予定です。スポーツで例えれば、どの選手が故障しても戦力を落とさず試合ができるように、誰の代役でもこなせるユーティリティープレイヤーを確保するようなものです。

ダムをできるだけ持続的に運用していくために、今後もそれぞれのダムの特性に応じた様々な取り組みが各地で展開されていくと思います。

ダム下流の流量の平滑化に伴う問題

ダムにより、洪水時のピーク流量は減少する一方、河川の水が少ない時期にはダムから水が補給されて水量が増えます。ダムができると河川の流量の差が小さくなるのです。これは人間にとっては安定した取水を可能にする等の恵みをもたらします。河川によっては、水が干上がり生物へ悪影響が生じていた状況が改善します。

一方、流量の平滑化が進むと、本来は洪水時に下流に流されていた泥が中流部の川底にたまりやすくなります。その結果、河原の石に付着した、アユ等の餌となる藻類が泥を被って、餌としての質が低下したり、川底の石がぬめり川遊びの場所としての質も低下したりします。川底に棲む水生生物の種の構成が単純化するといった影響も生じたりします。大きな洪水や渇水により他の種が生存できない隙間を利用して生きる生物もいるのです。

このような状況に対応するため、ダムから人為的に大きな流量を時々流す「フラッシュ放流」が2000年頃から行われるようになりました。大きな流量が生み出す速い流れで、川底の石を覆う泥や、ぬめりの原因となる藻類を洗い流すことが狙いです。この他、魚類の遡上・降下の支援や景観面の考慮等から一定期間内は継続して通常よりも放流量を増加させる運用（維持流量の増量放流）を行っているダムもあります。利水に影響が生じそうな場合にはその実施を控えるといったように、タイミングを見ながら弾力的に行うものであることから、このようなダム操作のことをまとめて「ダムの弾力的管理」と呼んでいます（**図15**）。

ダム下流の流量の平滑化に伴う環境への影響は、ダム建設に伴う宿命でもあります。以上のような取り組みをはじめとする各ダムで

図15■ ダムの弾力的管理の模式図

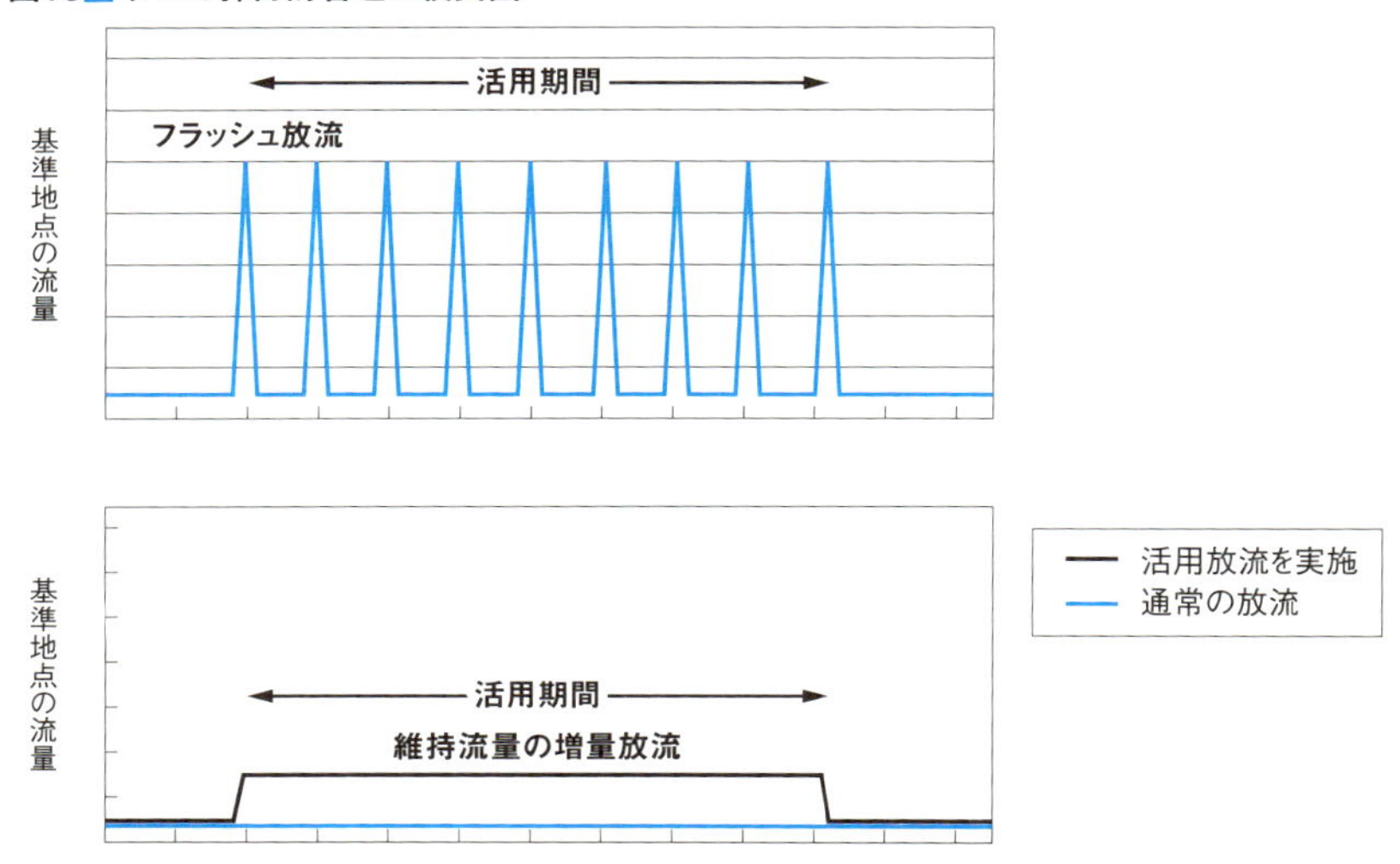

活用期間
フラッシュ放流
基準地点の流量
活用期間
維持流量の増量放流
基準地点の流量
活用放流を実施
通常の放流

（資料:国土交通省）

の工夫により影響の緩和が図られているのです。

古い時代に建設された発電ダムの中には、流量の平滑化どころではなく河川の水を根こそぎ発電に回してダム下流の河川が干上がるような例も数多くありました。しかし、発電事業者と河川管理者の協議を通じて、水利権許可の更新の際等に、下流の生態系や水利用を考慮した流量を放流することが現在では一般的になりました。

なお、ダムによる流況調整機能を活用することにより、場合によってはダムがない状態よりも大きな便益を生み出そうとしたり、環境改善を図ろうとしたりする取り組みも始まっています。例えば、アリゾナ州立大学のサボら[10]のメコン川下流での研究成果によれば、ダムの効果的な操作により、ある漁法での漁獲量を3～4倍に増やせるとしています。流量が少ない状態が続く日数を自然に任せたままの場合よりも長くし、一方で水位が高い状況から低い状況に遷移するときには自然に任せたままの場合よりも一気に水位を下げることにより、平地に氾濫していた水がメコン川に戻る際に網を仕掛ける漁法による漁獲量が増えるのです。

より一般性がある取り組みとして、生態にとって好ましい「設計流量パターン」(Designer Flow Regime) を設けること[10]や、生態にとって好ましい設計流量パターンを見いだすことを目的とした生態的流量評価 (Ecological Flow Assessment)[11]も一部では行われています。最低流量だけではなく、流量の変動幅、時期、変化の速度、持続時間なども考慮して流量パターンを設定し、実際の状況を確認しながら順応的に運用しようというものです。

コロラド州立大学のポフら[12]は、サボらの研究をレビューした上で、新設するダムからの放流量に弾力性を持たせることは、ダム下流の生態系の積極的保全につながる可能性があり、ダムからの戦略的な放流により、劣化した生態系を維持または回復させることは、行政や研究者から大いに注目されていると述べています。

日本においても、流量の変動に伴う生態系のレスポンスに関する知見を深めていくことにより、特定の時期や条件の下で流量を変化させる方法などで、現在実施しているダムの弾力的管理の範囲を超えて、さらに積極的な環境改善を図れる可能性があります。

ダム湖でアオコなどの富栄養化現象が発生

ダム湖で水が滞留することに伴って、水質や水温の面で以下のような問題が発生する場合があります。

（1）ダム湖におけるアオコや赤潮等の富栄養化現象
（2）ダム湖で発生した藻類の影響を受けた下流で取水した水道水における異臭味
（3）ダム湖の表面で温められた水の放流に伴う下流河川の水温上昇と冷たい水を好む魚類への影響
（4）ダム湖の下層の冷たい水の放流に伴う下流河川の水温低下と魚類の生育等への影響
（5）洪水発生後の濁水がダム湖に長時間滞留することに伴う下流河川の濁りの長期化

過去においては、例えば淀川の上流の琵琶湖や木津川系のダム群で富栄養化に伴って異臭味物質を発生させる藻類が増殖し、淀川から取水する水道水がまずくなるといった被害が頻繁に発生しました。また、ダムの完成に伴って、洪水後の川の濁りが長期化するようになった例もあります。ダムにより下流河川の温度が変化し、魚類等に影響することもありました。

このような問題に対応して、水質や富栄養化現象の発生を予測する技術が発達しました。そして、ダム湖の低層から気泡を発生させ、その気泡の上昇に合わせて形成される水の対流によって富栄養化現象の発生を抑制する方法等が取り入れられるようになりました。

一方で、水を高度処理して異臭味を抑制する方策を講じる水道事業者も増えました。それらの結果、異臭味被害人口は近年ではピーク時の20分の1程度へと大幅に減少しています[13]。

また、水温の変化の問題に対しては、ダムから水を取り込む水深を変えられる選択取水設備と呼ばれる施設が設置されるようになりました（**図16**）。温水放流や冷水放流の問題を相当程度解決できるようになったのです。

濁水の問題に対しては、土砂をバイパスするトンネルの設置や、清水バイパスの設置（洪水後にダムにたまった濁水を放流する代わりに、ダムに

図16　選択取水設備の模式図

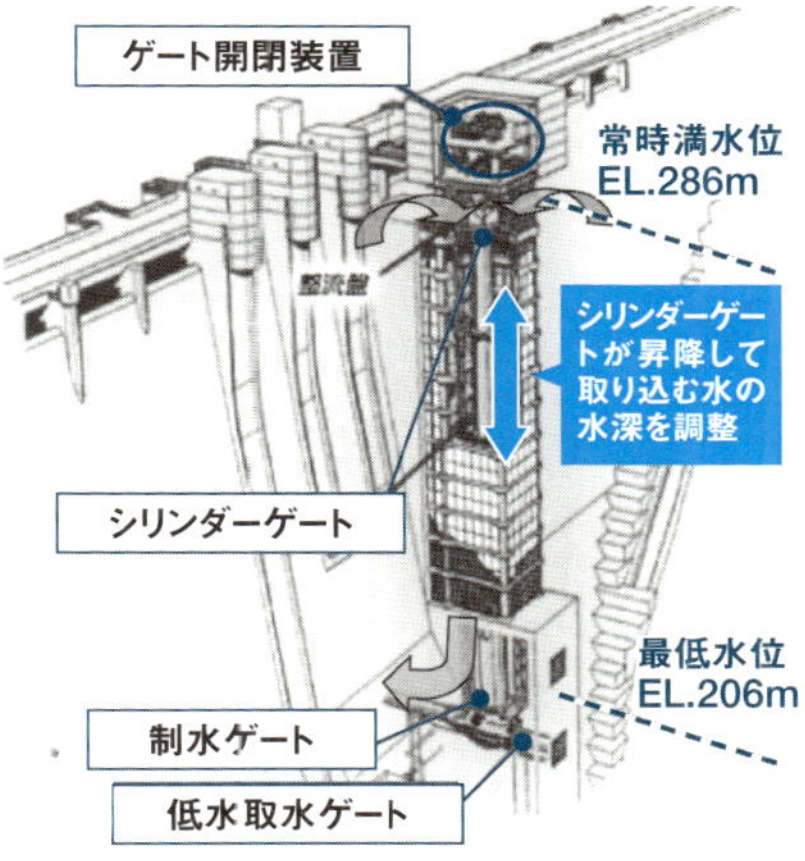

ゲート開閉装置
常時満水位
EL.286m
整流部
シリンダーゲートが昇降して取り込む水の水深を調整
シリンダーゲート
最低水位
EL.206m
制水ゲート
低水取水ゲート

国土交通省の資料を基に作成

流入するはずの河川の清澄な水を迂回して下流に放流する方法）などが近年行われています。

以上に述べたような予測技術や対策技術の進歩によって、近年完成したダムにおいて大きな水質問題が生じることは比較的少なくなりました。

それでも、ダム建設が環境に与える影響の中で、水質の変化は最も留意すべき1つであることは変わっていません。また、対策技術は現在も進歩しており、ダム湖の表層付近に漂うアオコを光合成がほとんどできない水深の深い場所まで送り込んで、アオコを浮かす役割を果たしているガス胞を水圧で潰し再浮上できないようにして死滅させるといった新しい対策方法も実施され始めています。

魚類等の移動ルートの分断の問題

ダムや堰が建設されると、魚類や甲殻類などの多くは河川を行き来できなくなります。このため、上流側と下流側の水位差が比較的小さい堰を中心に魚道の整備が進められてきました。しかし、魚道も設置の仕方によっては魚類にとって利用しにくいものになります。

試行錯誤を経ながら、効果的な魚道に関する知見も増えてきました。最近では、左右の壁が絶壁になっている従来の魚道に代わって、自然河川のように左右の岸が斜めになっていて、その結果として左右の端の方は流速が遅くなり、遡上の途中で一休みできる場所を設けることも相まって、遊泳力に劣った魚や甲殻類でも遡れるようになった「多自然魚道」が増えてきました。

例えば、北海道にある美利河ダムは１９９１年のダム完成時点で魚道は設置されていませんでしたが、97年度に魚道の整備が事業採択され、2005年度に1期分の魚道が完成しました。延長2・4kmの魚道のうち、1・9kmが「多自然魚道」になっています。この魚道の設置後には、ダム上流河川の優占種がウグイからヤマメに変わるといった変化が生じています。

異常洪水の際のダムの限界

154ページで紹介したように、ダムは満杯近くになると流れ込んできた水をそのまま放流する状態に移行する「異常洪水時防災操作」（緊急放流）を実施せざるを得なくなります。異常洪水時のダムの限界もしばしば問題視される点です。異常洪水時防災操作を始めると、下流の水位は急激に上昇することになります。

図17には、国土交通省所管のダムが洪水

図17 国土交通省所管ダムにおける相当雨量[14]

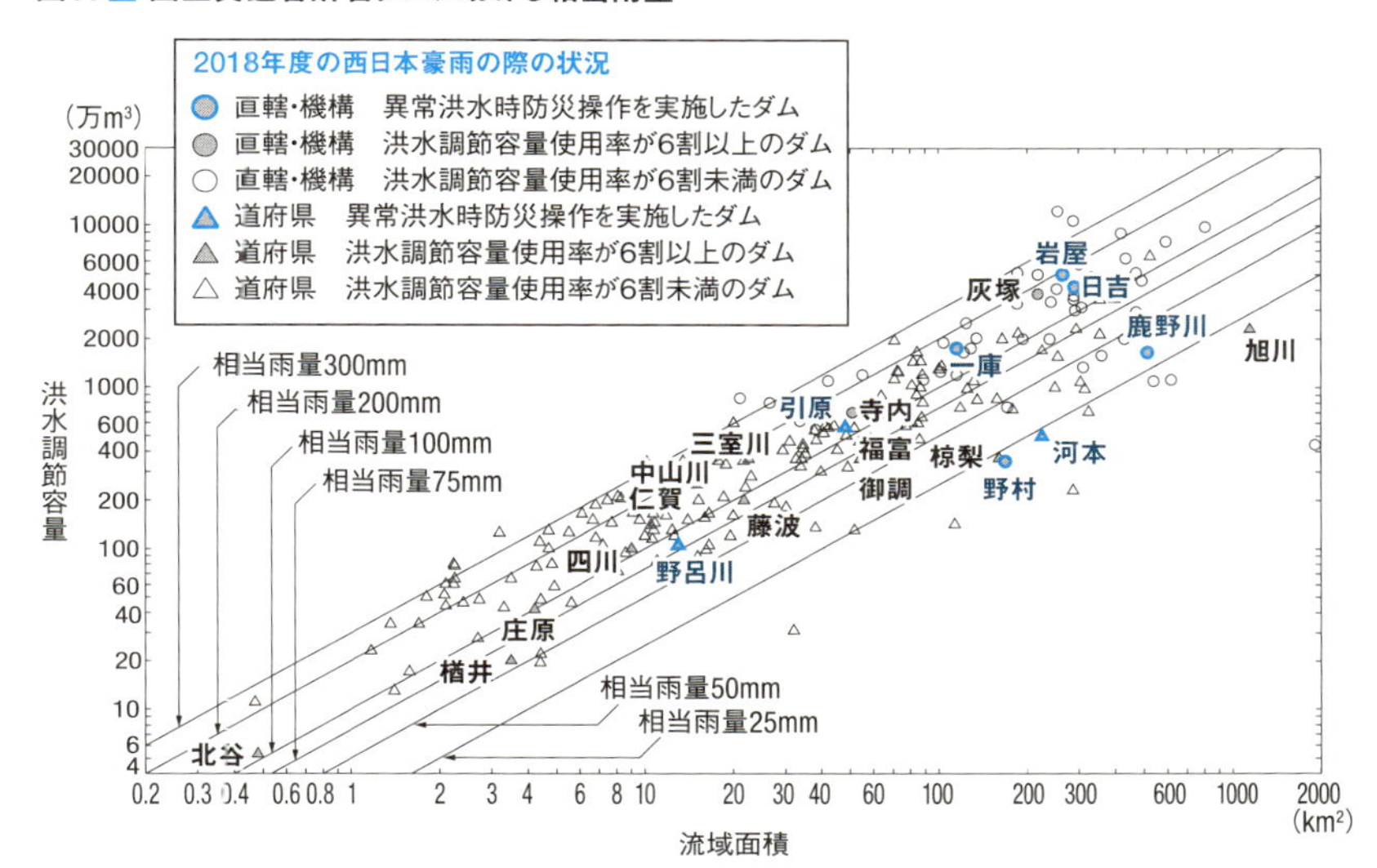
2018年度の西日本豪雨の際の状況
直轄・機構　異常洪水時防災操作を実施したダム
直轄・機構　洪水調節容量使用率が6割以上のダム
直轄・機構　洪水調節容量使用率が6割未満のダム
道府県　異常洪水時防災操作を実施したダム
道府県　洪水調節容量使用率が6割以上のダム
道府県　洪水調節容量使用率が6割未満のダム
（万m³）
洪水調節容量
流域面積
(km²)
相当雨量300mm
相当雨量200mm
相当雨量100mm
相当雨量75mm
相当雨量50mm
相当雨量25mm
岩屋
日吉
灰塚
鹿野川
旭川
一庫
引原
寺内
三室川
福富
椋梨
河本
野村
御調
中山川
仁賀
藤波
四川
野呂川
庄原
椹井
北谷
30000
20000
10000
6000
4000
2000
1000
600
400
200
100
60
40
20
10
6
4
0.2
0.3
0.4
0.6
0.8
1
2
3
4
6
8
10
20
30
40
60
100
200
300
600
1000
2000

（資料:国土交通省）

時にダムの上流域に降った雨をどの程度受け持つことができるかを示しています。「相当雨量○○㎜」と書いてある線上にプロットされているダムでは、おおむねそれに相当する雨量（相当雨量）に対応できる能力があることを示します。なお、ここでの相当雨量とは、ダムの洪水調節容量（２０１８年７月時点）をそれぞれのダムの上流域の面積で割った数値です。

ダム名が書いてあるのは、18年７月の西日本豪雨の際に、そのダムが有している洪水調節容量の６割以上を使ったダムです。青字のダムは、洪水調節容量の大部分を使い果たし、異常洪水時防災操作に移行したダムです。

大きな被害が出た愛媛県の肱川では野村ダムの相当雨量が21㎜、その下流に位置する鹿野川ダムの相当雨量が36㎜です（野村ダムの洪水調節容量を含めて評価しても44㎜）。西日本豪雨の際に鹿野川ダムの上流域で降った雨は48時間で３８０㎜でしたので、鹿野川ダムで対応できる約10倍の雨がダムの上流域に降ったことになります。

ダムの機能をもう少し直感的に分かるように示した模式図が**図18**です。「じょうろ」が雨、「ひしゃく」がダム、下の方にある「漏斗」が川、漏斗の縁に立っている壁が堤防です。ひしゃく（ダム）は、上から流れ落ちてくる水の一部をためます。ひしゃく（ダム）が３個並んでいますが、実際に使えるのはそのダムの相当容量に応じた１個だけです。ひしゃく（ダム）ですくえる水の割合はダムの構造や操作規則次第です。ひしゃく（ダム）はいっぱいになると、それ以上水をためることはできません。

じょうろの部分に３８０㎜とあるのは、西日本豪雨で鹿野川ダム上流に２日間に降った雨量です。流域面積を乗じると鹿野川ダムの上流域で2日間に降った雨の総量になります。

図の下側にある、川を表す漏斗は一定量の水を下に出せますが、短時間に多くの水が入ってくると氾濫原にあふれます。川の縁には堤防が立っています。堤防を高くすると漏斗に多くの水を流すことができます。堤防が決壊すると一気に水が氾濫原にあふれて被害を大きくします。

図18からは、じょうろの大きさ（380㎜）に対して、ひしゃくの鹿野川ダム（相当雨量36㎜）が、わずかな水をためただけですぐにいっぱいになるのが直感的に分かります。相当雨量が増えれば増えるほど、ダムが満杯になって異常洪水時防災操作に至る（洪水のカットができなくなる）リスクは減ります。

もっとも、西日本豪雨の際には、相当雨量が200㎜程度の岩屋ダム（岐阜県）ですら、2波にわたる豪雨をダムでため込んだ後に、3波目の豪雨の際には途中から異常洪水時防災操作を行わざるを得ませんでした。なお、岩屋ダムの上流域では、

図18■ 相当雨量の違いによる洪水調節への影響等の模式図

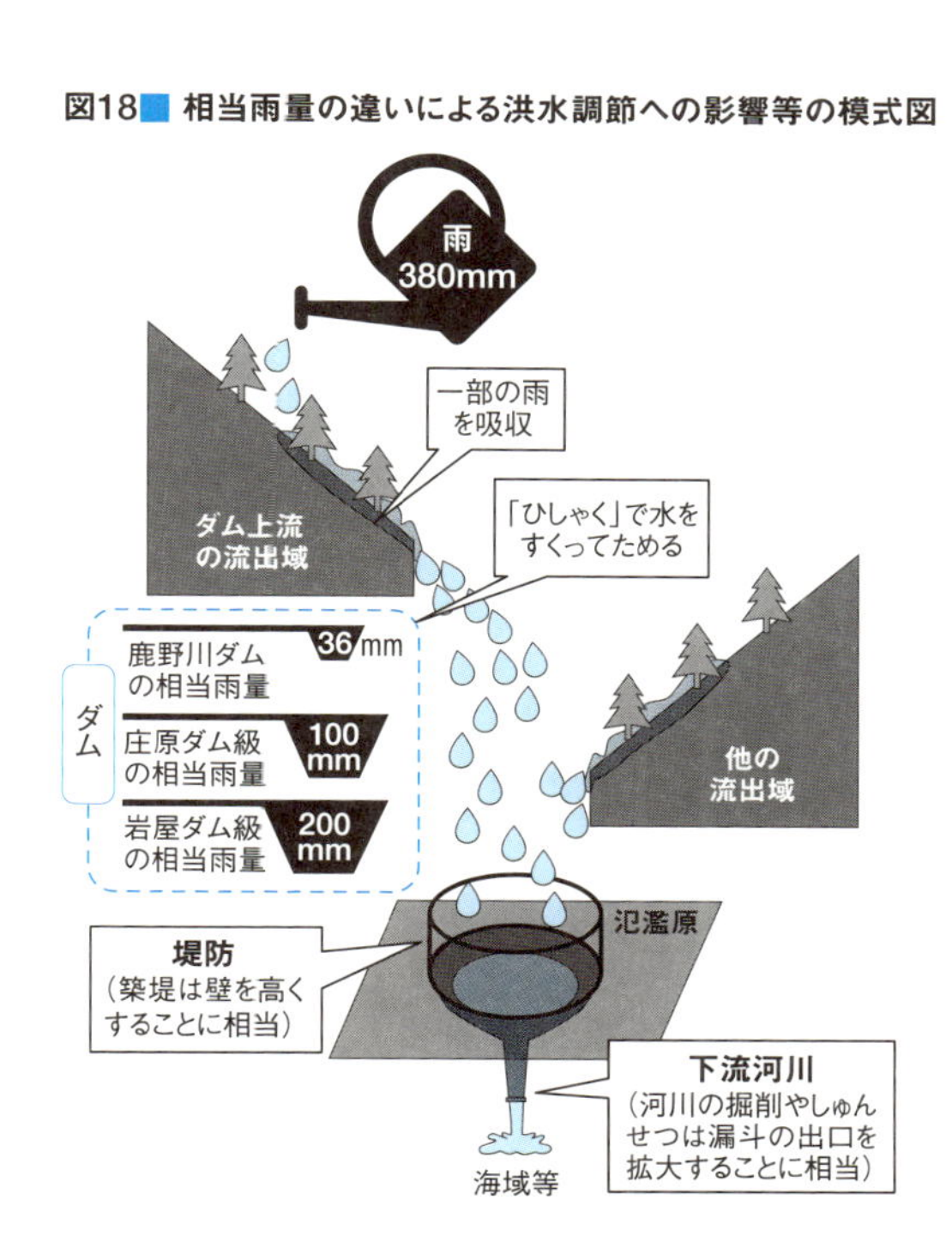
雨
380mm
一部の雨
を吸収
ダム上流
の流出域
「ひしゃく」で水を
すくってためる
36mm
鹿野川ダム
の相当雨量
ダム
100
mm
庄原ダム級
の相当雨量
200
mm
岩屋ダム級
の相当雨量
他の
流出域
氾濫原
堤防
（築堤は壁を高く
することに相当）
下流河川
（河川の掘削やしゅん
せつは漏斗の出口を
拡大することに相当）
海域等

18年7月4日からの4日半余りで800㎜近くの雨が降っています。

鹿野川ダムでは、西日本豪雨の際には、大雨になる前の段階で事前放流を行うなどできる限りの運用上の工夫をダム管理者は講じました。それでも途中で洪水調節容量はため込んだ洪水でいっぱいになり、河川の流量がピークとなるタイミングではほとんど洪水を調節できませんでした。あらかじめ流量を正確に予測できるならば、流量のピークに合わせてダムの限られた容量を使うことも考えられますが、現在の気象予測の精度では難しいのが実情です。

限りあるダムの洪水調節容量を効果的に使うために、次のような3つの取り組みが進められています。

（1）ダム下流のネック箇所で流せる流量を増やすための河川改修

（2）事前放流の一層の活用

（3）ダムからの放流に関する情報周知の徹底

ダムの下流河川に洪水を流す能力が低くて被害が発生する箇所があると、まだ流量が少ない段階からダムに洪水をため込む必要が生じます。このような箇所が解消できれば、流量が多くなった時点で水をため込むことができるので、ダムの容量が不足するリスクが小さくなります。

155ページで述べたように、事前放流は洪水が起こる前にダムからの放流を増やしておくことにより、洪水時にダムにため込むことができる水量を増やす操作です。予測通りに雨が降って洪水をため込めればよいのですが、雨の予測が外れると本来は利水目的で使う予定だった水が少なくなり、利水者が被害を受けることになります。このため、事前放流は安易にはできないのですが、気象予測の精度が向上するに連れて実施できる余地は増えてきています。

ダムの放流警報については、従来は川の中で遊んでいる人たちに対する警報という位置づけでしたが、川の近くに住む人も意識した情報の提供が進められようとしています。

将来的に気象予測の精度がさらに向上すれば、守るべき下流部における流量のピークにできるだけ合わせて、一層効果的に洪水調節を行ったり、予備放流や事前放流をもっと大胆に行って洪水調節に使える容量を実質的に増やしたりできる可能性が広がります。ダムによる洪水調節には、まだまだ可能性が秘められているのです。

ダム放流に関するリスクコミュニケーション

洪水時の放流により、かえって危険になり被害が生じたのではないかといった指摘も絶えません。１９７２年の水害で鹿児島県の鶴田ダムにおける洪水調節を巡る議論の中でもそのような指摘があり、訴訟となりました。また、近年では18年の西日本豪雨の際にも、愛媛県の肱川にある野村ダム、鹿野川ダムの操作に関して批判がありました。

下流の洪水被害のリスクがあるときに、ダムがないときよりも大量の水を放流することは基本的にありません。ダムができる前と同様に安全な場所への家財の移動や避難等を行う限り、ダムができて危険になることはないのです。

しかし、ダムができたことで安心して避難等の行動が遅れた場合にはその限りではありません。また、川の水位を自分の目で確かめて避難等の行動を決める人がいますが、ダムができた河川では増水の速度が従来と変わるので、過去の経験に頼った行動は危険です。

図19は、家の上の階へ貴重品の移動等の財産保全行動に充てられる時間の相違によって、保全できる財産がどの程度なのかを示した図です。米国連邦政府で治水事業を担当している米国陸軍工兵隊が使っているものです。作成者の名前を冠して「ディ・カーブ」と呼ばれています。保全できる財産は6時間なら十数パーセント、12時間なら20パーセント強です。ダムがあれば浸水が起こったとしてもその開始時刻は遅くなるので、救える財産は増えますが、それはダム建設以前と同じタイミングで行動した場合の話です。川の水

図19■ 財産保全行動開始から氾濫流到達までの時間の相違による被害軽減率の相違

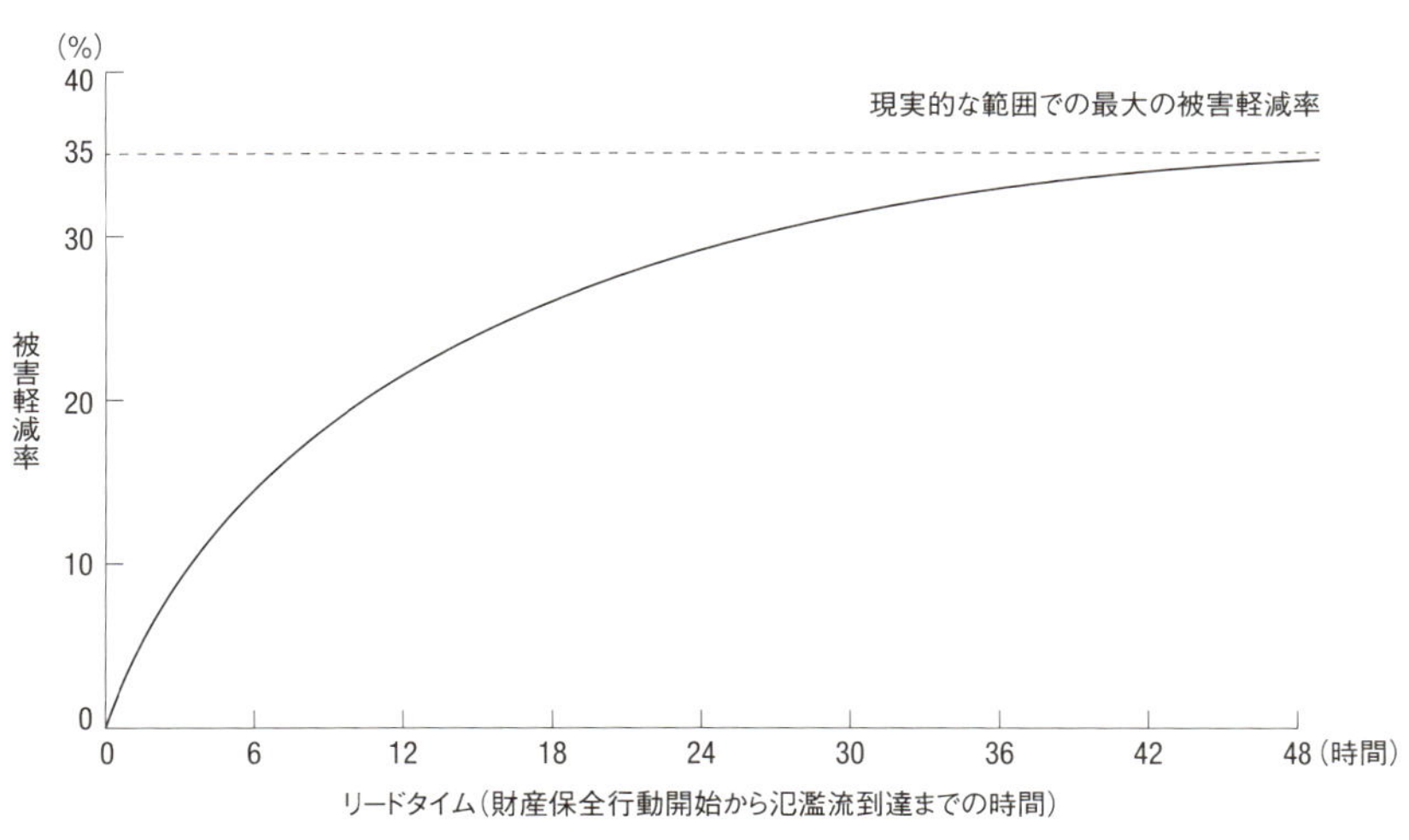
(%)
40
35
30
20
10
0
被害軽減率
現実的な範囲での最大の被害軽減率
0
6
12
18
24
30
36
42
48（時間）
リードタイム（財産保全行動開始から氾濫流到達までの時間）

（資料:米国FEMA[15]）

位に合わせて行動したなら、逆に被害は増えてしまいます。財産だけでなく人命についても同様のことが言えます。

ダムができたからといって安心せずに、ダムの放流や浸水に関する情報に注意することが必要です。そして、避難行動を早めに行うことです。ダム管理者もダムによる洪水調節の特性（ダムの容量が満杯近くになると洪水調節能力を発揮できなくなること等）に関する認識が世間に広まるように、住民や関係行政機関とのリスクコミュニケーションを深めることが重要です。

水需要が伸びない中でのダムの役割

日本では、大部分の水系で10年に1度程度の確率で発生する渇水の場合でも安定した水利用ができるように水利権（河川の水を使用する権利）が付与されています。ダムを建設する場合も、これをベースとして、完成した後にはどの程度の水利用が新たに行えるかを計算してダムの開発水量を定めます。例えば、ダムからの水の補給により、毎秒0・1㎥（約3万人分に相当）の水を新たに常時取水しても河川の維持流量が確保されるならば、このダムの開発水量は毎秒0・1㎥となるわけです。

人口が減少する時代になるとともに、節水型のトイレ等の普及で、1人当たりの水の使用量も若干減少気味になってきています。このため、ダムによる水資源開発はこれ以上必要ないのではないかという指摘があります。

確かに、利水面での新規のダム建設の必要性は小さくなっています。一方で、既存のダムに確保された利水容量が無駄になっているわけではありません。渇水が頻繁に起こるといった事態が回避され、渇水に対する安全度が徐々に上がっているのです。水に困らないということは、国際競争の中でも強みとなります。172ページで紹介したように、1964年の東京オリンピックでは渇水対応に非常に苦労しましたが、2021年の東京オリンピックはその後に完成したダムのおかげで渇水リスクが低い状況下で迎えることができました。

また、利水容量に余裕が生じれば、洪水調節のためにその容量を活用することも可能になります。例えば、洪水の発生前の時点で洪水調節容量の実質的拡大のために放流する事前放流は利水容量を活用することになりますが、利水容量に余裕があれば、それだけ安心して事前放流が行えるようになるのです。

ダムの安全性確保

ダムが決壊して下流に被害が生じる事故は世界各地で起こっています。最近では19年1月に、ブラジルの鉱滓ダムが決壊して土石流により死者・行方不明者が150人に上るという事故が起こりました。18年7月には韓国企業が中心となって建設中のラオスのダムの崩壊に伴う氾濫により、70人以上の死者・行方不明者が出ています[16]。

日本においても近年では11年の東日本大震災の際に、福島県にある藤沼貯水池で土でできた農業用の堰堤（土堰堤）が決壊する事例が生じています。明治以降では、1868年に愛知県・入鹿池、1941年に北海道・幌内ダム、1953年に京都府・大正池で死者を伴う決壊事故が発生しています。これらは幌内ダムを除いて全て土堰堤です。土堰堤には古くて堤防内部の材質が十分に把握できないものも多く、地震や洪水が発生したときの決壊リスクをゼロにすることは難しいといった宿命があります。ブラジルの鉱滓ダムも、鉱石を採掘した際の残りかすに水が混じった混合物を小さな土堰堤の中にためて高さを上げていく方式の決壊リスクのある施設でした。なお、幌内ダムは電力用の重力式コンクリートダムでしたが、基礎掘削を行わずに河床にコンクリートが打設される[17]構造的欠陥を持っていました。

一方、国土交通省所管のダムでは、これまでに決壊等の事例はありません。高いレベルの工事管理が行われ、設計・施工段階から極めて厳しい検討・審査が行われているため、安全性は極めて高いです。

生物生態系への影響軽減

94年に当時の建設省は、環境政策大綱を策定し、その中で建設行政における環境の内部目的化を目標とする方針を打ち出しました。社会資本整備に当たって、健全で恵み豊かな環境を保全しながら、人と自然との触れ合いが保たれた、ゆとりと潤いのある美しい環境を創造するとともに、地球環境問題の解決に貢献することが建設行政の本来的使命であるとの考え方です。そして、97年に河川法が改正されて、治水、利水に加えて「河川環境の保全と整備」が河川管理の目的となりました。

このような時代の流れの中で、同年、応用生態工学会が発足しました。同学会では、生態学と土木工学が連携・協力し、その境界領域において新たな理論と技術体系を構築して、「人と生物の共存」「生物多様性の保全」「健全な生態系の持続」を達成することを目標としています。これまで多くの努力が積み重ねられ、応用生態工学の様々な知見が良好な社会資本を形成する公共事業でも取り入れられて、生物生態系への影響軽減が図られています。例えば、生態系の食物連鎖の頂点に位置しているクマタカ等の猛禽類への影響については、最近建設されたほとんどのダムで長期間にわたって調査が行われ、多くの場合、保全対策も講じられているのです。

意外と知られていないダムの機能

可変型装置としてのダム

ダムは一般に治水、農業用水、都市用水、発電等の目的別にその容量を区分けしています。しかし、この区分けは1度決めたら変えられないものではなく、社会情勢等の変化に応じて見直すことができるものです。用途の変更の仕方によっては、放流管の増設や位置の変更が必要になる場合もありますが、運用の変更だけで用途の見直しができる場合もあります。

これまでも利水目的の容量を治水目的に振り替える場合がありました。気候変動の影響により計画規模を上回る洪水の頻発化が懸念されるので、今後はそのような例が増えてくると思われます。また、同じ水系に複数のダムがある場合には、統合的に運用することで、より大きな効果を生み出す取り組みも行われています。多目的ダムでは、ダムごとに使用権の保有者の組み合わせが異なるため、ダム管理者が勝手に運用の変更を行うことはできませんが、使用権の保有者全体での調整を整えダムの運用を変えることによって、より大きな効果が生み出せることがあります。実際、利根川、天竜川などでそのような取り組みを実施しています。

また、容量を振り替えなくても、運用の見直しだけでより良い効果を発揮できる可能性があります。186ページで述べた「ダムの弾力的管理」もその1つです。放流方法の工夫により、生物にとって好ましい環境の回復を図れます。どういう操作をしたら最も良い効果が得られるのか、様々な方法を試しながら操作方法を確立していくといったことも多くのダムで行われました。ダムが可変型装置であるために、このような順応的手法が可能になるのです。

生物の生息場としてのダム

「ダムは生物の生息環境を破壊する」と思う人は多いでしょう。一方で、ダムが生物にとって新たな生息環境となっている場合もあることはあまり知られていません。

例えば、静岡県伊東市を流れる松川につくられた奥野ダムの松川湖では、ダム建設前の1981年には生息鳥類の種類は5目17科50種でしたが、建設後の92年には13目29科87種に増えました[18]。松川湖という新たな環境ができたことで鳥類の種類が増えたのです。

ダムではないですが、人造湖である渡良瀬遊水地は渡り鳥等にとっての貴重な自然環境となり、2012年にはラムサール条約指定湿地として登録されました。

ダム堤体や湖岸の水位変動帯等の環境をうまく利用する貴重な動植物もいます。ダムにより喪失する環境もありますが、一方でダムが新たな生物の生息の場を提供する機能を有していることも事実です。

流木災害や大規模土石流を抑止するダム

第1章で示したように、山林に集中豪雨が発生した時は、樹木が土壌もろとも倒壊し下流に流れます。そして、橋に引っかかって洪水氾濫を助長したり、家屋に流木が激突したりして被害を甚大にします。ところが、流木が流れ下る途中にダムがあると、そこに流木はたまって、下流の被害を防ぎます。洪水後にはたまった流木を撤去する作業が必要にはなりますが、流木による被害を軽減する上でダムは大きな役割を果たします。また、ダムで捕捉された流木の一部は、チップ化するなど有効活用されています。

ダムには大規模土石流を止める効果もあります。1783年（天明3年）に浅間山が大噴火を起こした際に、吾妻川沿いを流れ下った土石流に巻き込まれて多くの人命が失われ、下流の利根川にも流れ出た土砂が堆積し、洪水被害の頻発化を招きました。類似の大噴火は数百年から千年に1回程度の割合で発生しています。しかし、将来発生する類似の大規模土石流は、八ツ場ダムにため込まれ、被害が軽減されることになります。巨大な砂防ダムの役割も果たすわけです。

実際にダムのこのような効果により下流の安全が確保された例もあります。2018年に発生した北海道胆振（いぶり）東部地震の際に、農業用の厚真（あづま）ダムでは、周辺の山が崩れ大量の土砂と樹木がダム湖に流れ込みました。ダム自体は地震に耐えたのですが、洪水吐きに大量の土砂と流木が堆積（**写真2**）。大雨が降れば危険な状況でした。

しかし、厚真ダムの約5km下流では多目的ダムである厚幌（あっぽろ）ダムが建設中で、完成直前の段階（試験湛水終了直後）でした。このため、万一の事態でも厚幌ダムが受け皿となって人家に被害が及ぶ事態を防げることが分かり、関係者に安堵をもたらしたのです。

被災直後

流木は撤去され土砂撤去が途上

土砂撤去完了

写真2■ 2018年北海道胆振東部地震時の厚真ダムの洪水吐き
（写真:北海道開発局）

気候変動時代におけるダムの役割

増えている豪雨災害のリスク

近年、全国各地で水害・土砂災害が頻発しています。2013～14年に発行されたIPCC（気候変動に関する政府間パネル）の第5次評価報告書では、気候システムの温暖化には疑う余地がなく、中緯度の陸域のほとんどで極端な降水がより強く、より頻繁となる可能性が非常に高いといった判断が示されました。

実際、日本における2008～17年の集中豪雨の発生頻度は、1976～85年の10年間と比べて、1時間雨量50㎜超で約1・4倍、100㎜超で約1・7倍に増加しています。

2018年7月に発生した西日本豪雨の際には、48時間での降水量で見ると、全国で約1300カ所あるアメダス観測所等のうち1割近く（125カ所）の観測点で観測史上最大を記録しました。大きな被害を受けた岡山、広島、愛媛の3県に限れば、この数字は7割近くに上ります。特に岡山県では、旭川（下牧地点）で700年に1度、高梁川（船穂地点上流域）で630年に1度、吉井川（岩戸地点）で650年に1度の発生確率の豪雨であったと速報値では評価されています[19]。散発的な事例をもって気候変動の影響を断定することはできませんが、西日本豪雨の前後にも、15年関東・東北豪雨、16年台風10号災害、17年九州北部豪雨、19年台風19号災害と毎年のように大きな豪雨災害が起こっている状況からすると、既に気候変動の影響が実現象の面でも生じている可能性が高いと思われます。

他方、海面水位については、世界各地で継続的に潮位が観測されており、近年の海面上昇の傾向についての明確な評価が可能です。世界全体では20世紀初頭と比べて2010年時点で海面水位は19cm高くなりました[20]。防潮堤等による防御力の変化がないとすれば、その分高潮の被害のリスクは年々高まってきているわけです。

将来はさらに洪水リスクが増加

IPCC第5次評価報告書においては、現在のように温室効果ガスを排出し続けた場合のシナリオ（RCP8・5シナリオ）から21世紀末に温室効果ガスの排出をほぼゼロにした場合のシナリオ（RCP2・6シナリオ）まで、4つの主要な予測シナリオを設定しています（その後18年に1・5℃上昇相当のケースも主要なシナリオとして追加）。なおRCPとは、代表濃度経路シナリオ（Representative Concentration Pathways）の頭文字で、地球温暖化ガス濃度について考えられる今後の変化の代表的な道筋ということです。

各シナリオに対応したIPCCによる世界の上昇気温と海面上昇量の予測値は**図20**の通りです。南極などの解氷の影響を上方修正した予測もIPCCが19年に発表したので、それも併記しました。その最新予測[21]では温室効果ガスの排出量が減らなければ、21世紀末に61～110cm、2300年には2・3～5・4m海面が上昇します。なお、高位参照シナリオの「4℃上昇相当」とは、産業革命期以前と比べた温度上昇を21世紀時点で4℃前後に抑えられるという意味です。

「2℃上昇相当」についても同様の意味です。

気候変動が降雨量や河川の流量に与える影響は、地球上の位置によって異なることから、先進諸国では独自に評価することが多くなっています。

日本では気象庁と環境省が14年に、IPCC第5次評価報告書をベースとして日本の各地域における大雨の際の降雨量と無降雨日の日数の変化を評価しています[22]。温室効果ガスの排出量が減らなければ、大雨の際の降雨量が19～36％程度増大する一方、雨が降らない日数も年間で1～2週間ほど増えるという結果です。降るときは強く降る一方で、降らない日数も多くなるという、降雨量の振れ幅が大きくなる方向に変化していくことが予測されています。

図21は、離島部を除く日本の国土を15のブロックに分けて、それぞれのブロック別に、2℃上昇時と4℃上昇時の降雨量の変化倍率を国土交通省の「気候変動を踏まえた治水計画に係る技術検討会」が評価したものです[23]。気象庁・環境省[22]の評価では、年間で上位5％に入る日雨量の際の大雨が評価対象だったので、大きな豪雨に対応したものではありませんでした。それに対して、検

図20■ 21世紀末における世界の気温・海水位の上昇量

シナリオ名	世界平均上昇気温（可能性が高い予測値）	世界平均海面水位（可能性が高い予測値）
低位安定化シナリオ（RCP2.6）（2℃上昇相当）	+0.3～1.7℃	+0.26～0.55m +0.29～0.59m
中位安定化シナリオ（RCP4.5）	+1.1～2.6℃	+0.32～0.63m
高位安定化シナリオ（RCP6.0）	+1.4～3.1℃	+0.33～0.63m
高位参照シナリオ（RCP8.5）（4℃上昇相当）	+2.6～4.8℃	+0.45～0.82m +0.61～1.10m

気温及び海面水位の上昇量は、IPCC第5次予測報告書に基づく1986～2005年平均基準をベースとした2081～2100年平均の上昇量。ただし青字はIPCC（2019年）に基づく新たな予測値（資料:IPCC）

討会による評価[23]では、河川整備の基本方針の検討に用いるレベル（100～200年に1度発生する確率）の降雨に対応しており、水害の発生リスクの評価に適しているといえます。

図21で示した全国平均の降雨量の変化に対応した、河川の流量と洪水発生頻度の変化を**図22**に示します。2℃上昇相当のケースの場合、降雨量が1・1倍でも、流量は約1・2倍に増えると見込まれています。既に述べたように、一定の量の降雨は土壌中等に浸透しますが、それ以上の量になると降った雨がほとんど全て流出するため、降雨量の増加の割合以上に流量は敏感に増えるのです。また、洪水の発生頻度はさらに敏感に増えます。4℃上昇相当のケースでは、流量は約1・4倍、洪水発生頻度は約4倍にもなる予測です。

増加する気候変動リスクへの対応策

19年10月に発表された検討会の提言においては、河川の計画を立てる際に用いる降水量に見込むべき気候変動の影響について、北海道と西九州では降水量を1・15倍、他の地域では1・1倍とすることを基本にする方針が盛り込まれました（個別の河川計画や施設計

図21 地域区分ごとの降雨量変化倍率

地域区分	2℃上昇（暫定値）	4℃上昇	
			短時間
北海道、九州北西部	1.15	1.4	1.5
その他の地域	1.1	1.2	1.3
全国平均	1.1	1.3	1.4

4℃上昇の降雨量変化倍率のうち、短時間とは降雨継続時間が3時間以上12時間未満のこと（資料:国土交通省）

図22 降雨量、流量の変化倍率と洪水発生頻度の変化

	降雨量	流量	洪水発生頻度
4℃上昇（RCP8.5）	1.3倍	約1.4倍	約4倍
2℃上昇（RCP2.6）（暫定値）	1.1倍	約1.2倍	約2倍

（資料:国土交通省）

画に適用する変化倍率については、19年度内をめどに設定予定）。２℃上昇相当のケースを河川の計画を立てる際に取り込もうということです。従来の治水計画は、過去の降雨量や河川の流量のデータを統計的に処理して、流量の規模ごとの発生確率を求める「実績主義」を採っていました。今後は予測計算結果も活用する治水計画へと転換する大きな一歩を踏み出すことになります。

しかし、２℃上昇相当のレベルで地球温暖化を収めるためには、世界各国が地球温暖化ガスの排出削減に相当の努力を行う必要があります。現在のように温室効果ガスを排出し続けた場合（ＲＣＰ８・５シナリオ）の気温上昇は、21世紀末時点の見込みである４℃で収束するわけではなく、さらにその後も上昇していくと予測されています。２℃上昇相当のレベルで治水計画を作成することは、現行の治水計画に基づく河川改修等ですら一朝一夕には進められず、今後実施すべき事業が多い中での、控えめな予測に基づくものにすぎません。

地球温暖化ガスの濃度上昇が実際にどのように進むかということに加えて、予測で用いた気象モデルや海水温モデルと実現象の相違等もあるため、気候変動の影響度には不確実性がありま す。そこで、先の提言においては、４℃上昇相当のケースについても、治水計画における整備メニューの点検や減災対策を行うためのリスク評価、河川管理施設の危機管理的な運用の検討、施設設計における将来の改造を考慮した構造の工夫等に際しての参考とすることが適当であるとしています。見込んだ値以上の温度上昇が実際に起こって手戻りが生じたりしないように、整備手順や施設設計の工夫に努めることが重要であるといった考え方も盛り込まれています。

さらに、検討会の提言では、ダムや堰、大規模な水門などの耐用期間の長い施設については、必要に応じてさらなる温度上昇（例えば4℃上昇）にも備えた設計上の工夫を行うことによって、気候変動により目標とする流量が増加した場合等でも容易かつ安価に改造できるようになるとしています。

以上の提言を踏まえると、設計洪水流量（ダム地点での想定最大流量）の見直しが必要となるダムがあると考えられます。その結果、少なくとも2℃上昇に対応し、4℃上昇への対応も容易にできる放流設備の増強を行う必要が生じるダムが出てきます。また、ダムのかさ上げをする場合には、2℃上昇相当に対応した治水計画に基づいて最低限の高さにかさ上げをするのではなく、用地等の取得の困難度や建設費の面で大きく変わらないのであればその範囲の中でできるだけ高くかさ上げができるようにするといった対応も考えられます。

200ページの「可変型装置としてのダム」でも述べたように、ダムの容量は時代の変化に合わせて、ダムの使用権を持っている関係者間での合意を前提に、変えていくことが可能です。気候変動への対応を治水計画上も盛り込む必要がある時代に、人口減少等により利水需要が減少している場所では、利水容量を治水目的に振り替えるといった動きも今後さらに出てくるものと思われます。

また、既存のダムを効果的に活用したり、改造したりするだけでなく、必要な場合にはダムを新設する必要も生じます。日本では、ダム建設の適地の多くは既に開発されていますが、適地がなくなったわけではありません。ダムは環境への影響が大きく、治水対策としては河川改修の方が良いと考える人もいます。しかし、河川改修はダムの場合とは異なる形で、環境への影響や維持管理の負担を生じさせる場合があります。例えば、普段から水が流れている場所（低水路）の掘削は、自然の復元力により埋め戻そうという作用が働き、治水能力の維持のためには、定期的に掘削する必要があります。地下水位が低下して水辺の湿地を乾燥化させたり、取水施設の改築が必要になったり、橋の橋脚が洗掘されたりする場合も珍しくありません。堤防を民地側に移設して河川の幅を広げる方法（引堤）の場合には、河川内の自然環境面の影響は少なくできますが、川沿いの用地の取得が必要になるので社会環境面での影響が生じます。

気候変動の影響により、何もしなければ水害のリスクが増え、地域の人々の暮らしや経済、そして人命に影響を与えます。自然環境や社会環境、経済、人命等を総合的に勘案した上でダム建設が最も良い選択肢となる可能性は、気候変動リスクの増大とともに高まるのです。

一方、日本では当分の間人口減少が進み、人の住まい方に関する政策の選択肢も増加します。人口増大期には、浸水リスクが高い場所も含めて開発を進めざるを得ない状況があったわけですが、人口減少期には、災害リスクの少ない場所へ居住地を誘導していく余地も広がるわけです。

英国においては、新規の土地開発の許可に際しては、土地の用途と洪水リスクに応じた制限がかけられています[24]。例えば、100年に1度以上の確率での浸水リスクがある場所では、原則として一般の宅地の開発は許可されません。地下に居住空間を持つ家の場合には1000年に1度以上の確率で浸水する場所の開発許可も原則として得られません。原則の例外となるのは、他に代替できる場所がなく、洪水のリスクを上回る便益が地域社会にもたらされ、供用期間全体を通じて安全性が確保されることが示された場合のみとなっています[25]。

ここで、「供用期間全体を通じて」浸水リスクの評価を行う際には、将来の気候変動に伴う影響も勘案することが求められます。どの程度の影響を見込むか数値を設定しており、その数値は地域によって異なります。最も大きな割合での河川流量の増加を見込むイングランド南東部地方の場合、上位ケース（各種の予測シナリオの中で上位１０％の結果を与えるケース）で２０３９年までは25%、それ以降69年までは50%、さらにそれ以降の２１１５年までは１０５％の増加率を見込むこととしています[26]。宅地開発の場合であれば、この上位ケースと中上位ケース（各種の予測シナリオの中で上位30％の結果を与えるケース）で検討すべきとしています。

英国における土地利用規制は気候変動影響も取り込んだ将来の望ましい土地利用への誘導を行う上での先進的な施策です。もしも同様のことを日本で行おうと思った場合には、堤防の安全度評価等の面で高いハードルがあります。すなわち、英国では土でできた高い堤防はあまりなく、堤防が全くないか、ある場合でもコンクリートの壁が多く、浸水リスクの評価は比較的に簡単です。一方、日本で一般的な土の堤防の場合には、どの程度の水位で決壊するかは明確でなくリスクの評価が難しいのです。土の堤防をやめてコンクリート等の堤防を原則にすることも、地震国の日本では困難です。土でできた堤防なら応急復旧も比較的簡単なのに対して、コンクリート等の堤防の場合には応急復旧に時間と費用がかかります。このリスク評価の難しさの問題に加えて、もともと浸水リスクの高い沖積平野部に都市の多くが築かれてきたこともあり、英国のような土地利用規制は容易でないのです。

今後、将来の土地利用の在り方を変えていくとしても、水害リスクがある場所に住む人が全て移転することは現実的に不可能です。2℃上昇相当（RCP2・6）という控えめな気候変動予測シナリオの場合ですら河川の流量で約1・4倍、洪水発生頻度で約2倍という大きな影響が見込まれる中、既存ダムの効果的運用やダム再生に加えて、新規ダムの建設も選択肢として考えていく必要があります。

本章の執筆に際しては、一般財団法人水源地環境センターの奥秋芳一氏と原俊彦氏に資料収集や記事作成の支援に尽力していただきました。

参考文献

1 ASFPM (2007) National Flood Policy Challenges: Levees - Double Edged Sword
2 環境省水・大気環境局（2019）平成29年度全国の地盤沈下地域の概況
3 米国連邦エネルギー省（2016）Hydropower Vision - A New Chapter for America's 1st Renewable Electricity Source
4 Krancer, M. (2017) Trump May Not Get His Wall, But He May Make Dams Great Again, Forbes, September 21
5 米国連邦エネルギー規制委員会（2019）Hydroelectric Licensing Regulations under the America's Water Infrastructure Act of 2018, Federal Register, Vol.84, No.79, April 24

6 トランプ大統領（2018）Presidential Memorandum on Promoting the Reliable Supply of Water in the West, October 19

7 Penn, I.（2018）The $3 Billion Plan to Turn Hoover Dam into a Giant Battery, New York Times, July 24

8 Arrigo, A.F.（2018）Los Angeles wants to use the Hoover Dam as a giant battery. The hurdles could be more historical than technical, The Conservation, August 29

9 国土交通省（2002）流砂系現況マップ

10 Sabo et al.（2017）Designing river flows to improve food security futures in the Lower Mekong Basin, Science, 358

11 Bradford, A.（2008）An Ecological Flow Assessment Framework: Building a Bridge to Implementation in Canada, Canadian Water Resources Journal, Vol. 33（3）

12 Poff et al.（2017）Can dam be designed for sustainability?, Science, 358

13 厚生労働省（2017）水質汚染事故による水道の被害及び水道の異臭味被害状況について（平成28年度調査）

14 国土交通省（2018）異常豪雨の頻発化に備えたダムの洪水調節機能に関する検討会参考資料

15 FEMA（2018）Multi-hazard Loss Estimation Methodology - Flood Model - Hazus-MH Technical Manual

16 Radio Free Asia（2019）Laos Pays Compensation to Families of Dead and Missing in PNPC

Dam Disaster,29,January.

17 中村靖治（2010）ダム随想～幌内ダム、月刊ダム日本

18 竹林征三（2004）続ダムのはなし、技報堂出版

19 国土交通省水管理・国土保全局（2018）大規模広域豪雨を踏まえた水災害対策のあり方について～対応すべき課題・実施すべき対策に関する参考資料

20 IPCC（気候変動に関する政府間パネル）（2014）第5次評価報告書政策決定者向け要約

21 IPCC（気候変動に関する政府間パネル）（2019）The Ocean and Cryosphere in a Changing Climate - Summary for Policymakers

22 気象庁・環境省（2014）日本国内における気候変動予測の不確実性を考慮した結果について

23 気候変動を踏まえた治水計画に係る技術検討会（2019）気候変動を踏まえた治水計画のあり方提言

24 U.K. Ministry of Housing, Communities and Local Government（2018）National Planning Policy Framework

25 U.K. Ministry of Housing, Communities and Local Government（2014）Flood risk and coastal change guidance, 6 March

26 U.K. Environment Agency（2016）Flood risk assessments: climate change allowances, Last updated 15 February 2019

第6章

ダムと森林の連携

虫明 功臣

DAM
AND
FOREST

これまでで、治水・利水両面での森林とダムの機能と限界、さらには課題と対応策について述べました。本章では、より良い地域、より良い国土を形成していく上で、ダムと森林の連携が価値を生み出す可能性について考えます。また、効果的な連携を図るために、必要な制度やマネジメントの在り方について提案したいと思います。

ダムと森林の連携による価値創造

ダムと森林の機能の関係性

森林とダムの間には、どのような関係があるのでしょうか。

まず、森林における土砂流出や土砂災害の防止対策は、ダムに流れ込む土砂を減らし、ダムにおける堆砂対策を軽減します（**図1**の❶）。

次に、森林の土壌が持つ水質浄化の効果は、河川やダムの濁質の面を中心とした水質の向上に寄与し、観光等の価値（観光の対象でない場所であれば自然の価値）の増大につながります。また、森林とダムおよびその関連施設（道路など）を効果的に配置できれば、一帯の観光価値を高める他、アクセス道路の改善等を通じて森林施業の効率性向上にも役立ちます（**図1**の❷）。

その他、豪雨時等に森林から流出する流木はダム湖で止まり、下流の流木被害を軽減します（**図1**の❸）。

図1 ダムと森林の主な関係

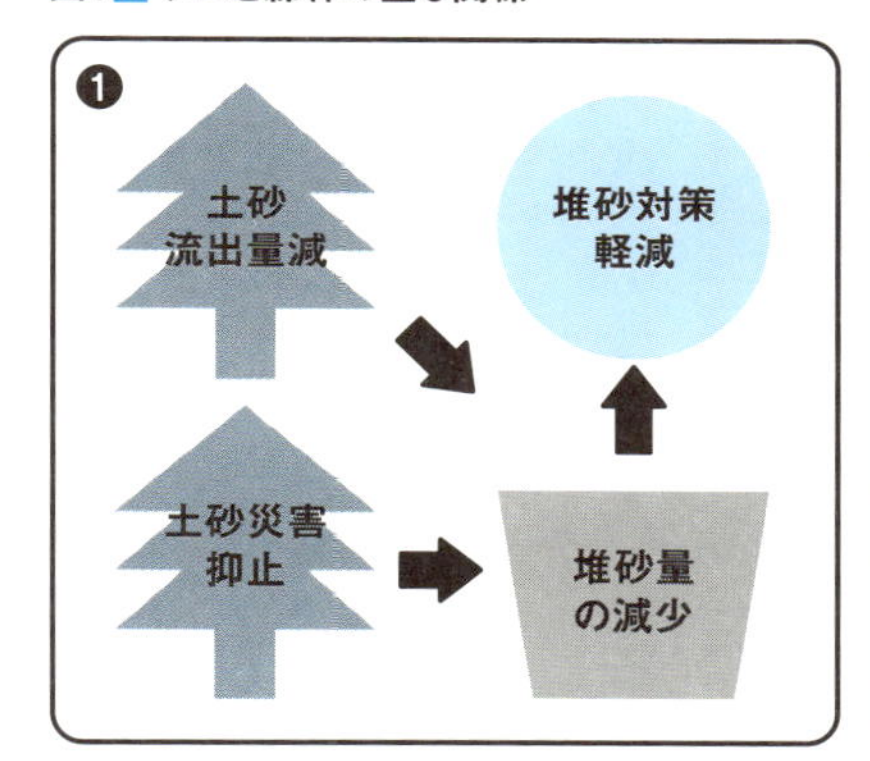
❶
土砂
流出量減
堆砂対策
軽減
土砂災害
抑止
堆砂量
の減少

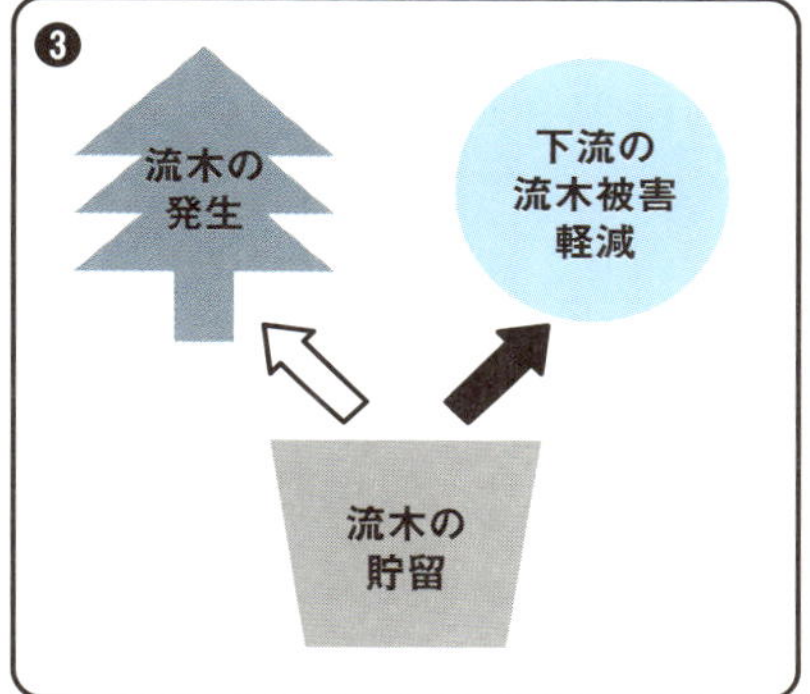
❸
流木の
発生
下流の
流木被害
軽減
流木の
貯留

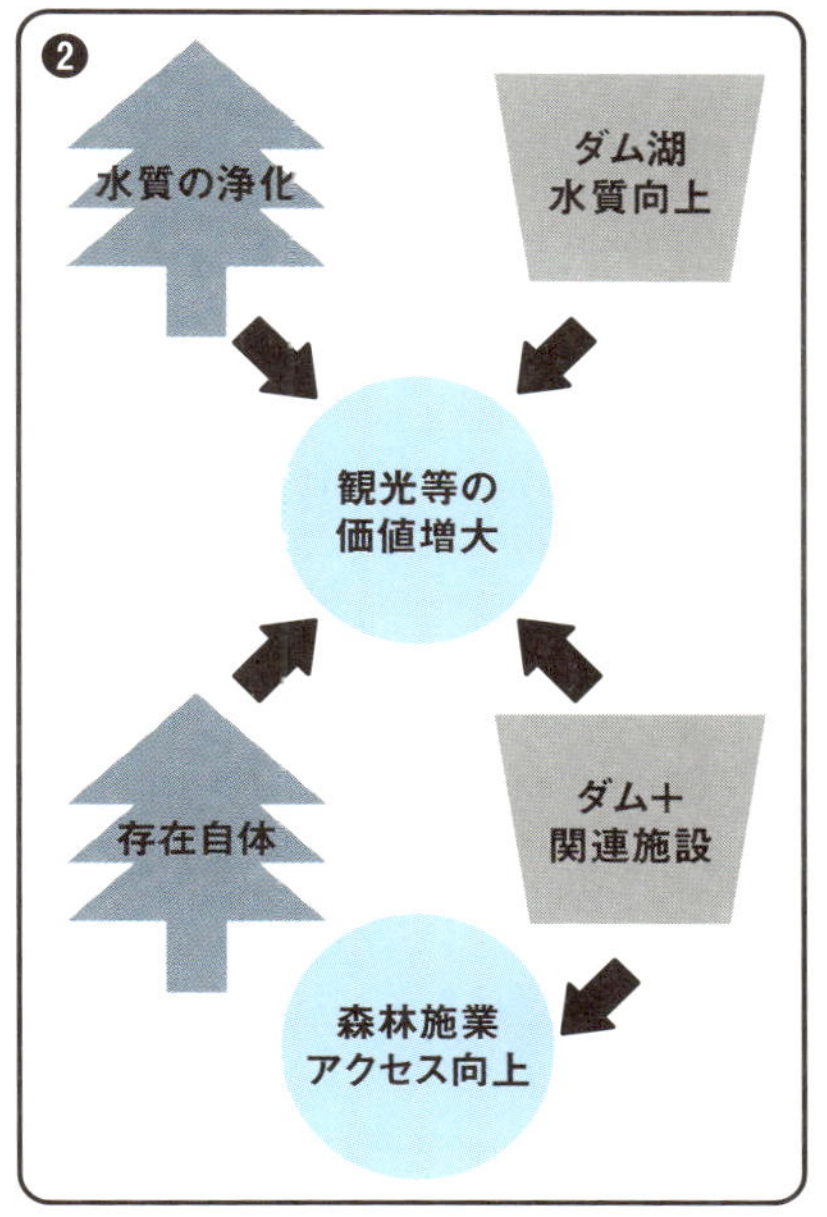
❷
水質の浄化
ダム湖
水質向上
観光等の
価値増大
存在自体
ダム＋
関連施設
森林施業
アクセス向上
:森林
:好影響
:ダム
:リカバー

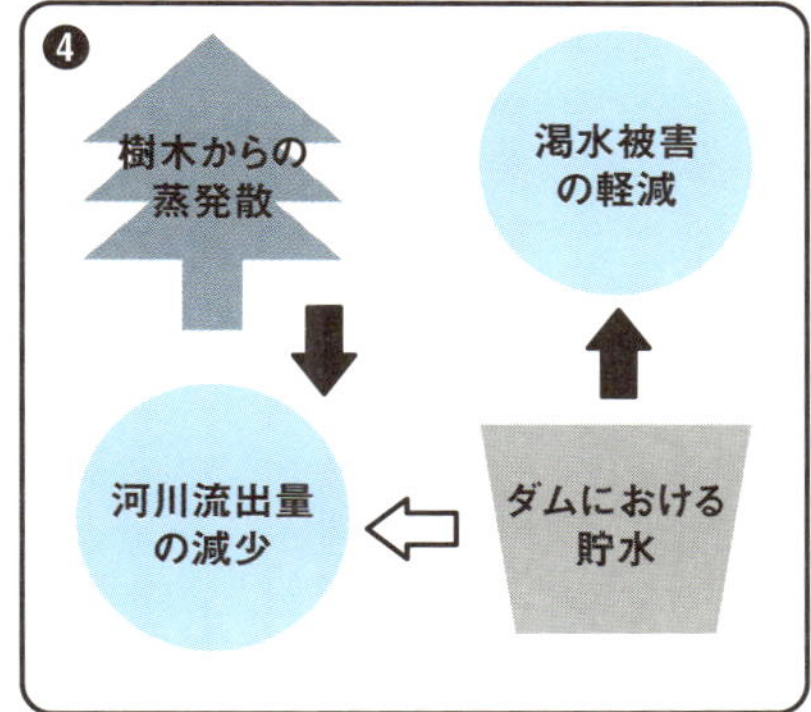
❹
樹木からの
蒸発散
渇水被害
の軽減
河川流出量
の減少
ダムにおける
貯水

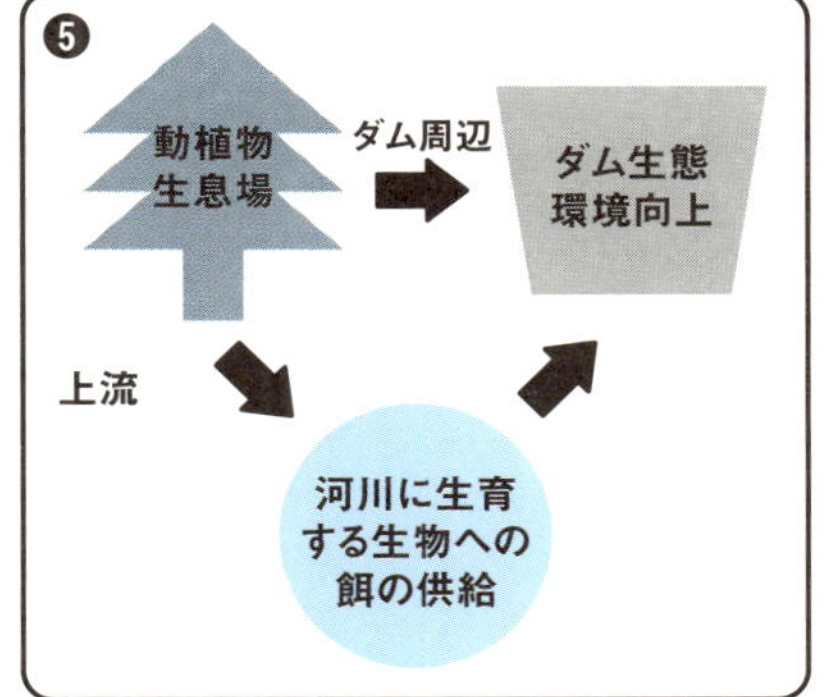
❺
動植物
生息場
ダム周辺
ダム生態
環境向上
上流
河川に生育
する生物への
餌の供給

加えて、渇水時等に森林の蒸発散に伴う河川への流出量の減少を、ダムにためた貯水が補う役割を果たし、渇水被害を軽減します（**図1の❹**）。

最後に、ダム上流の森林は、昆虫や落ち葉等の形で河川に餌資源を供給し、これが魚類や鳥類等の生態に好影響を及ぼし、ダム周辺の環境も向上させる効果を持ちます。また、ダムの周辺や湖内の生態系を豊かにする効果もあります（**図1の❺**）。

ダムと森林の連携によって生じるメリット

ダムと森林の間における以上のような関係性は、両者の整備・管理の連携によって付加的な価値を創造できる可能性があるということを意味します。例えば、上流の山地部での土砂生産が激しく堆砂量が多いダムにおいては、上流の山地部での良好な森林の育成や治山対策等も進めることにより、これまでダム湖の掘削・浚渫によって貯水容量を確保していた費用や労力を軽減できる可能性があります。

また、森林とダム・湖水とその周辺の観光資源を最大限に生かすためには、例えば、巨木、ブナ林、清冽な渓流等と遊歩道等を効果的に組み合わせることで有効になる場合があります。もちろん、ダム、森林、地元市町村等の関係者の連携が重要です。

さらに、ダム建設に伴う環境の改変に対する補償的措置として、重要な種の生息場を確保することがあります。単に補償的な意味で必要な範囲の生息場を確保するだけではなく、より広い面積で良好な生息場を確保する等の措置を取ることにより、環境の価値を増大できる場合もあります。ダム事業者と市町村、都道府県の環境部局や森林部局とが連携して整備するならば、そのような場のポテンシャルをより一層生かすことができるようになります。

流域マネジメントの枠組みによる連携

ダムと森林の連携により価値が生み出される可能性を示しましたが、ダムと森林はあくまで流域を構成する要素の一部でしかありません。人の営みの全て、地形・地質その他の環境条件、河川・海岸の状況、そこに生息する生物、道路等のインフラ、病院・学校・商店等の施設、その他様々な要素が合わさって流域を形成しています。

つまり、価値を生み出す可能性を持つのはダムと森林の連携だけではないということです。例えば、人口減少が進み、集落の維持が困難になっている中山間地の集落も多い中で、もしも関係者間の連携が成り立ち、集落の再編が可能になるならば、居住の利便は向上させつつ、移転集落の近くには人工的な汚濁負荷がない清流が流れ、手を入れるべき森林については施業環境を向上させるといったパッケージとしての地域再編の施策を講じることができます。

そこで、以下ではダムと森林の連携を念頭に置きつつ、水を中心とした課題に対する流域の関係者全体に対象を広げた連携方策について、「流域マネジメント」の視点から考えてみます。

流域マネジメントはこれまで、流域管理という用語で様々な場面において使われてきました。ここでは、後述する水循環基本計画での定義、「流域の総合的かつ一体的な管理は、1つの管理者が存在して、流域全体を管理するというものではなく、森林、河川、農地、都市、湖沼、沿岸域等において、人の営みと水量、水質、水と関わる自然環境を良好な状態に保つ、又は改善するため、（中略）様々な取組を通じ、流域において関係する行政などの公的機関、事業者、団体、住民等がそれぞれ連携して活動することと考え、本計画において、これを『流域マネジメント』と呼ぶこととする」に準拠して使用しています。

森林やダムに関係する流域マネジメントのこれまでの取り組みや制度などはどうだったのか。さらに、より効果的な流域マネジメントを実現する上で必要なことについても考えてみます。

これまでの流域マネジメント

流域マネジメントの先駆け：熊沢蕃山の治山・治水

日本には、昔から流域を意識する自然的・社会的風土があり、流域的視点から水に関する施策が行われてきました。例えば、熊沢蕃山（儒学（陽明学）を背景とした政治家、経世家、1619～91年）の〝治山・治水〟の概念の提唱と実践です[1]。蕃山は、1645年から56年まで岡山藩の池田光政に仕えて、人材育成や藩政改革を進めます。当時はその後の日本における人口増加の先駆けの時代で、食糧増産のための新田開発が全国的に始まった時代でした。岡山藩の山地の多くは、真砂土（まさど）（花こう岩が風化等によって砂状になった土壌。はげ山になると植生の回復が難しい）によって構成されており、樹木を伐採して田畑にすることが比較的容易なために、無秩序な新田開発が進められました。こうした山地部での新田開発に反対したのが、蕃山です。その理由は、新田開発によって土砂の流出が増大し、下流河川の河床が上昇し水害を激化させるとともに、川筋が安定せず既存の水田への取水が困難になる、すなわち、山地部の開発の利益より下流部の不利益の方が大きいということです。そして、1648年には乱伐、切り株の掘り返しを禁止する法令を制定し、54年には再び山林の無計画な伐採を禁じ、さらに、56年には領内の山に松を植えるように郡奉行に命じています。その後、幕府も66年に諸代官に対して「諸国山川掟」という法令を出し、草木根の乱掘の停止、植林の奨励、川筋の焼き畑や新田開発を禁じて土砂の流出防止を図りました。江戸時代初めに提唱された「山を治めることが、水を治めること」という治山治水の概念。これは流域水循環の視点に沿った流域マネジメントの先駆けといえます。

ダム水没地域の再建・振興を目指す水源地域対策特別措置法

第5章で述べたように、ダムが建設される地域では、水没によって生活基盤をなくしたりコミュニティーが崩壊したりするなど不利益を被ります。このため、ダム事業による地域への社会的影響を緩和する施策を盛り込んだ「水源地域対策特別措置法（以下、水特法）」が1973年に制定されました。

水特法の目的は、ダムが建設される水源地域における生活環境や産業基盤等を整備して関係住民の生活の安定と福祉の向上を図ること、それによって水資源開発と国土保全に必要なダム等の開発を促進することとされています。

水特法では、水源地域整備計画を作成し、それに基づく事業を実施することとされています。計画に入れることができる事業メニューは、土地改良、治山、治水、道路、簡易水道、下水道、義務教育施設、診療所、宅地造成、公営住宅、林道、造林、共同利用施設、自然公園、公民館等、スポーツ・レクリエーション施設、保育所等、老人福祉施設、地域福祉施設、無線電話、消防施設、畜産汚水処理施設、し尿処理施設、ごみ処理施設と実に多岐にわたります。

すなわち、水源地域整備計画をうまく策定して、関係者が連携しながら実施することができれば、流域マネジメントそのものになります。

また、水源地域整備計画に基づく事業には、水特法の対象ダムの受益者が負担金を払えることも水特法で定めています。ダムの地元が被る社会的影響の緩和のために、同じ流域内の自治体(利水面の受益者には流域外の自治体が入ることもあります)が、金銭的な面を含めて連携・協力を行う仕組みが組み込まれているわけです。この観点からも、水特法は、流域マネジメントを具現化する仕掛けになり得るといえます。

水源地研究会の提言

水特法が施行されて約4半世紀が経過した1997年から2年間、それまでに行われた水源地域対策事業に関するレビューが水源地研究会によって実施されました[2]。その報告書の中で事業の効果と課題として、「これまで各水源地で実施されてきた水源地対策により、多くの地域で活性化が図られている。一方では、水源地対策の社会経済状況の変化への対応、地域住民の自主性の発揮、社会的ニーズの変化に合わない施設計画、施設の経営感覚の不足、整合性の取れていない施設計画、アピール不足など、様々な課題が新たに生じている」と指摘されています。少し具体的に見てみますと、地域整備に関する諸事業は、事業者の負担を前提にして事業者が検討するケースが多く、地元の自治体を含め、住民が初期段階から計画へ主体的に参加できていないこと、また、そのための人材も不足しているという実情が確認されました。さらに、ダム建設促進のための補償的視点から事業が位置付けられ、将来の施設の運用や維持管理等に関する配慮がないままに地元住民の意向だけを踏まえた施設を建設するために、利活用されなくなった施設や維持管理のための資金が得られなくなった施設などが出てきていることなど、いわゆる「ハコモノ」行政となっている場合があることも指摘されました。

水源地研究会は、こうした課題を克服する方向性として次のような提言を行っています。

（1）計画・建設段階での水源地対策から管理段階も含めた水源地域の総合的な整備への転換：ダム事業の促進のための水源地対策という観点から、流域内の「情報」「人材」「組織」「もの」「資金」を活用した流域経営（流域マネジメント）の観点による水源地域の自立的・持続的な振興に向けた総合的な整備へ。

（2）流域共同体意識の醸成：ダム事業者と水源地対策関係者のみではなく、水源地と下流受益地の住民および組織の自主的な参加を通じた「流域共同体意識（パートナーシップ）」に基づく水源地の総合的な整備へ。

（3）関係省庁の広範な連携：関係省庁間、国と地方公共団体等との広範な連携による水源地の総合的な整備へ。

20年前の提言ですが、現在にも当てはまる内容だと評価しています。

120のダムで策定した水源地域ビジョン

水源地研究会の提言（1）で述べられた管理段階も含めた水源地域の自立的・持続的な整備へ向けての施策として、国土交通省と水資源機構が管理する120のダムで「水源地域ビジョン」が2001年度以降に策定されました（**図2**）。同ビジョンは、「ダムを活かした水源地域の自立的・持続的な活性化を図り流域内の連携と交流によるバランスのとれた流域圏の発展を図ることを目的として、ダム水源地域の自治体、住民等がダム事業者・管理者と共同で策定主体となり、下流の自治体・住民や関係行政機関に参加を呼びかけながら策定する水源地域活性化のための行動計画」とされており、流域マネジメントを指向しています。

各ダム水源地域で策定されたビジョンを見ると、大まかには、以下のような2タイプの取り組みに分かれます。

①水源地域と下流域受益地との上下流交流の促進：下流受益地自治体等を含むビジョン推進協議会の開催、ダム湖祭り、環境体験学習ツアー、下流からの参加による植樹会の水源林整備といっ

図2 水源地域ビジョン策定ダムの位置図

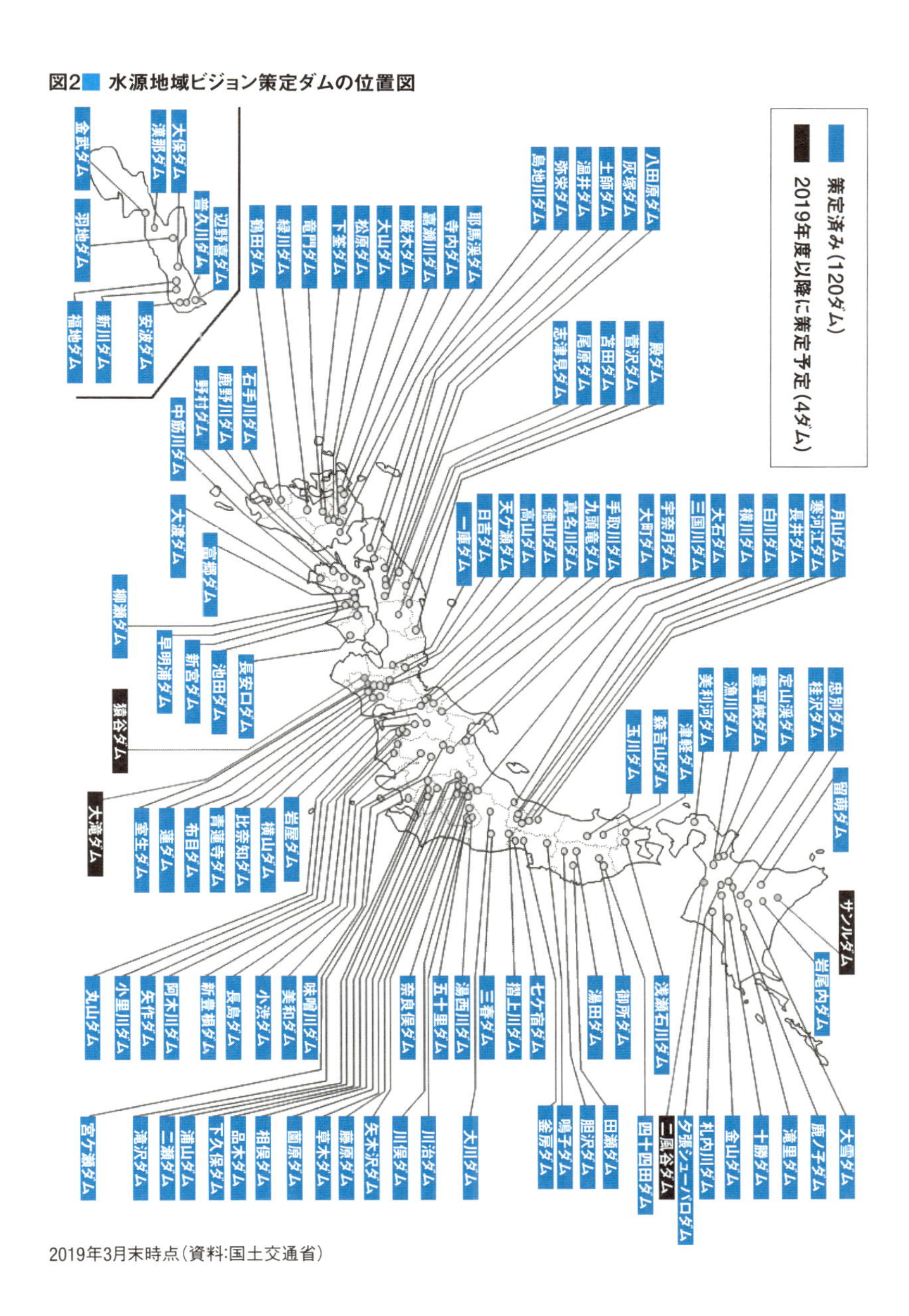
策定済み（120ダム）
2019年度以降に策定予定（4ダム）
金武ダム
漢那ダム
大保ダム
羽地ダム
普久川ダム
辺野喜ダム
福地ダム
新川ダム
安波ダム
鶴田ダム
緑川ダム
竜門ダム
下筌ダム
松原ダム
大山ダム
厳木ダム
嘉瀬川ダム
寺内ダム
耶馬渓ダム
鳥地川ダム
弥栄ダム
温井ダム
土師ダム
灰塚ダム
八田原ダム
志津見ダム
尾原ダム
苫田ダム
菅沢ダム
殿ダム
石手川ダム
鹿野川ダム
野村ダム
中筋川ダム
大渡ダム
富郷ダム
柳瀬ダム
早明浦ダム
新宮ダム
池田ダム
長安口ダム
猿谷ダム
大滝ダム
室生ダム
蓮ダム
布目ダム
青蓮寺ダム
比奈知ダム
横山ダム
岩屋ダム
一庫ダム
日吉ダム
天ケ瀬ダム
高山ダム
徳山ダム
真名川ダム
九頭竜ダム
手取川ダム
大町ダム
宇奈月ダム
三国川ダム
大石ダム
横川ダム
白川ダム
長井ダム
寒河江ダム
月山ダム
美利河ダム
漁川ダム
豊平峡ダム
定山渓ダム
桂沢ダム
忠別ダム
玉川ダム
森吉山ダム
津軽ダム
留萌ダム
サンルダム
岩尾内ダム
丸山ダム
小里川ダム
矢作ダム
阿木川ダム
新豊根ダム
長島ダム
小渋ダム
美和ダム
味噌川ダム
奈良俣ダム
五十里ダム
湯西川ダム
三春ダム
摺上川ダム
七ヶ宿ダム
湯田ダム
御所ダム
浅瀬石川ダム
宮ケ瀬ダム
滝沢ダム
二瀬ダム
浦山ダム
下久保ダム
品木ダム
相俣ダム
薗原ダム
草木ダム
藤原ダム
矢木沢ダム
川俣ダム
川治ダム
大川ダム
釜房ダム
鳴子ダム
胆沢ダム
田瀬ダム
四十四田ダム
二風谷ダム
夕張シューパロダム
札内川ダム
金山ダム
十勝ダム
滝里ダム
鹿ノ子ダム
大雪ダム

2019年3月末時点（資料:国土交通省）

たイベントによる上下流交流。

②ダム並びにダム湖の利活用による地場産業への貢献と交流人口の増加：ダム施設の見学、観光放流、ダム堤体内への地域特産品の貯蔵、散策路や親水空間の整備、釣り、水上スポーツ、サイクリング、マラソン大会の開催等。

しかし、ビジョンを策定しても別枠の予算が配分されるわけではなかったこともあり、ビジョンに基づく活動が活発に行われたダムは一部にとどまっているという印象です。

最近は、地元が自ら地域おこしの核としてダムを活用する取り組みや、ダムマニアが地域のダムの魅力を再発見し、広く情報を伝え、人を呼び込むような取り組みが増えています。従来の行政主体の取り組みから、民間の熱意ある主体が中心となった取り組みへの移行が見られるのです。また、八ツ場ダムでは女子大生や写真マニアとのコラボレーション企画が実施されるなど、従来とは異なった連携が行われ、インフラツーリズムが徐々に盛り上がりを見せています（**写真1**）。ダムが魅力ある観光資源になるということが認識されてきました。

流域マネジメントを推奨する水循環基本法の制定

08年に水行政の縦割りを是正し総合的な推進を図ることを目的として、有識者、市民、超党派議員から成る水制度改革国民会議が発足し、その下に水循環基本法研究会が設置されました。10年には超党派水制度改革議員連盟が結成され、13年に水循環基本法案を国会に提出。この法案は審議未了で廃案になりましたが、翌年の国会に改めて提出され、14年7月1日に施行されました。

水循環基本法では、「健全な水循環」を「人の活動と環境保全に果たす水の機能が適切に保たれた状態での水循環」と定義しています。そして健全な水循環の維持または回復を図るための取り組みを積極的に推進するため、国や地方公共団体、事業者、国民の責務を定め、関係者相互の連携および協力を求めています。また、水循環に関する基本的な方針や政府が総合的かつ計画的に講じるべき施策等を盛り込んだ水循環基本計画（ほぼ5年ごとに見直し）を政府が定めることとし、15年にその最初の計画を策定しました。

写真1■ 神奈川県愛川町にある首都圏最大級の宮ケ瀬ダム。定期的に実施する「観光放流」には、多くの観光客が押し寄せる（写真:国土交通省）

水循環基本法は、水に関わる流域の様々な主体が「水循環の健全化」のための責務を負い、相互の連携や協力を求めており、まさに流域マネジメントを推奨する法律です。

この法律では、基本的施策のうち国や自治体が講じるべきものとして、以下の施策を挙げています。

（1）流域における水の貯留・涵養機能の維持および向上を図るため、雨水浸透能力または水源涵養能力を有する森林、河川、農地、都市施設等の整備等。

（2）水が国民共有の貴重な財産であり、公共性の高いものであることに鑑み、水の利用の合理化その他水を適正かつ有効に利用するための取り組みを促進するとともに、水量の増減や水質の悪化といった水循環に対する影響を及ぼす水の利用等に対する規制、その他の措置。

（3）流域の総合的かつ一体的な管理を行うため、必要な体制の整備を図ること等により、連携や協力を推進。また、流域の管理に関する施策に地域の住民の意見が反映されるようにするための必要な措置。

他にも国が講じるべき措置として、教育、普及・啓発、民間団体等の自発的な活動の促進、調査、科学技術振興、国際的な連携・協力を挙げています。

このように水循環基本法は、流域マネジメントのメニューに当たる部分についてほとんどカバーしています。一方、関係主体もいろいろある中で、実効性ある計画を立て、実際の取り組みを進める上でのエンジンとなる部分やその燃料となる部分については法律上あまり具体に記されていません。ほぼ5年ごとの見直しで、順次改善・強化されることが期待されます。

流域水循環計画への認定事例

水循環基本計画では、それぞれの流域で行政などの公的機関が中心となった流域水循環協議会を設け、流域水循環計画を作成することを努力義務として求めており、18年末の時点で35の流域水循環計画等が認定されています。

これまでの認定事例の中に、ダムと森林の双方を対象にしている計画が1つあります。それは、神奈川県の「酒匂(さかわ)川総合土砂管理プラン」です。酒匂川の支川である鮎沢川の源頭部は、土砂流出の激しい火山砕屑物でできており、支川の河内川には多目的で県管理の三保ダムがあります。そして、堆積と移動を繰り返しながら鮎沢川・酒匂川を流下した土砂は、相模湾に到達して沿岸漂砂となり大磯海岸までの西湘海岸を形成しています。酒匂川で重要なこの流砂系に焦点を当て、河川、森林、砂防、ダム、堰、海岸それぞれの管理者と流域の関連自治体が連携。総合的な土砂管理（土砂生産域における森林管理と砂防事業、ダム域における浚渫、河道域における浚渫土の置き砂、河道整備と樹木伐採、砂利採取規制、海岸域における養浜や西湘海岸保全整備事業などで構成）を通じて、治水、利水、生態系保全などの健全な水循環系の維持・回復を図ることを目的としているのが、酒匂川総合土砂管理プランです。

この計画は、04年から検討が始まりました。10年9月の台風9号の記録的な豪雨によって酒匂川上流域で山地崩壊等が起こり、河川へ大量の土砂が流出。流水の濁りの長期化や河道の土砂堆積など、治水・利水・生態系に悪影響が生じる事態に直面しました。これを直接の契機として、13年3月に策定されたのです。そして、14年の水循環基本法の制定に際して、適切な土砂管理を目指すこのプランは、流域の健全な水循環系の構築に資するという観点から計画の位置付けや内容を一部見直し、水循環政策本部に情報を提供して流域水循環計画の認定を受けることになりました[3]。

この計画は、流砂系に焦点を限っているとはいえ、森林や砂防、ダム、河道、海岸域と、河川上流域から沿岸域までをカバーしている点、県の関連部署が主体となっているので計画の策定から実施まで連携しやすく実効性のあるマネジメント体制となっている点で、流域マネジメントの1つのモデルになるのではないかと思います。

ダムと森林が連携した流域マネジメントの実現

これまで見てきた通り、日本には古くは江戸時代から流域マネジメントの実績があり、最近、法律に基づく枠組みが出来上がりました。

ここでは、以上を踏まえて、今後どのような施策を講じることで、実効性ある流域マネジメントが可能になるか考えてみます。

現時点で、水循環基本法という流域マネジメントを支援するツールがあるわけなので、この法律に基づく取り組みをどうやったらより実効性があるものにできるかということを基本として考えることにします。

新たな森林・林業行政とダム水源地施策の連携

第4章の「新たな森林管理システム」の項で詳述しているように、森林・林業政策に大きな変革が加えられようとしています。２０１８年の森林経営管理法とそれに基づく森林環境税による森林への国民の関与です。二酸化炭素の吸収源、土砂流出の抑制、土砂災害や洪水流出の緩和、水質浄化など、森林の公共的・公益的機能を発揮させることが国民の義務となってきたことを意味します。言い換えれば、社会経済的に荒廃している森林地域を健全な形に蘇らせることは国土保全上重要な課題だとの認識の下、国民全体でこれを支援すべきという新たな国土政策の展開だと解されます。

一方、これは先述した「河川・水資源分野のダム水源地域施策」と気脈を通じるところがあります。従来のダム建設のための水源地域対策から、ダムを核とした地域振興・活性化にも目を向け長年にわたって施策が継続され、これが一定の効果を上げているのは事実です。しかし、ダムとダム湖周辺地域中心の施策にならざるを得ず、20年前に水源地研究会が提言した「水源地と下流受益地の住民およびその組織の自主的な参加を通じた『流域共同体意識』と関係省庁の広範な連携に基づく流域マネジメント」にはいまだ距離がある状況です。

森林地域全体を視野に入れて森林の公共・公益機能の向上とともに、林業の振興を図ろうとする新たな森林・林業政策とダムを核とした地域活性化施策とをつなぐことによって、別々に実施するよりもシナジー効果が発揮されて有効に施策が推進されるのではないかと思います。具体的には、両者共通の課題、すなわち、上下流連携（流域共同体意識）の強化、森林（水源）地域の地元の主体性の醸成、事務局等推進体制の強化、財源措置の効率化、などにおいて連携によるシナジー効果が期待できると考えます。

また、新たな森林・林業政策に対して河川・水資源行政が関わらなければならないもう1つの必要性があります。それは、ダムおよび下流河川にとってどのような森林の整備・保全が適切かについての調整です。具体的には、各流域で適用される施策が、土砂流出の抑制、土砂・流木災害や洪水流出の緩和、水質浄化など、森林の公共的・公益的機能に対して有効かどうかについて、河川・水資源側からの視点が取り込まれることが重要です。

例えば、森林は、蒸発散によって渇水期の河川流量を減少させることは今や一般に認められていますが、水資源の立場にとって良い森林施業とは何でしょうか。単に森林の保全に固執するのではなく、流域内で適切に森林を更新する、すなわち、林業の振興を同時に行うのが理にかなった流域もあるという指摘があります。こうしたことも含めて、「緑のダム」を巡る不毛な論争を乗り越えて、森林・林業分野と河川・水資源分野が、個々の流域での実情に応じて適切な森林施策について協議・調整し、共通認識の醸成に努めることが、ダムと森林の連携にとって不可欠だと考えます。

効果的な流域マネジメントを実現する体制の構築

これまで縦割り的に行われてきた施策をどのように総合化して流域マネジメントを築き上げていくのか。以下のようなアプローチあるいは方策が考えられます。

1つは、神奈川県の「酒匂川総合土砂管理プラン」のように、県あるいは市町村が調整の主体となって森林・林業施策とダム水源地域施策とを融合させた流域マネジメントへと仕上げていく方策です。国レベルで一般論として縦割りに横串を刺すことや縦割りを再編することは容易にできることではありませんが、地域の個別的な課題に対して地域が主体となって関連部署を連携・統合化することは比較的行いやすいと考えられます。しかし、この場合でも、主体となる人材の存在や自治体トップのリーダーシップが不可欠です。また、都道府県や市町村の境界をまたぐ流域の場合、複数の自治体が連携する枠組みをどう作るかが課題になります。

2つ目は、流域全体を見て、課題とそこで求められる施策を見いだす能力を持ち、関係者間の調整にエネルギーを持って走り回ることができるコーディネーターまたはコーディネート組織を育成していくことです。単一の自治体で完結する流域であれば、適切な人材を「流域マネジメント専門監」に任命するといったことが考えられます。

現在、長崎市が「景観専門監」、杉並区が「広報専門監」、青森県が「専門監」といったように、特定の分野の専門家を迎えて、専門性を生かした仕事をしてもらっています。流域マネジメント専門監として必要な知識、技術、熱意を持った人材の育成がその大前提となりますが、そういった人材が育ってくれることを期待しています。

複数の自治体にまたがる流域の場合には、ＮＰＯ等の組織が「流域マネジメント専門監」の役割を団体として担う方法が考えられます。あるいは上下水道の運営等も含めた継続的な取り組みを行うとすれば、広域行政組合で事務を担うことも考えられます。フランスでは流域単位の「水管理庁」、ドイツでは「水組合」を設けて水関係の行政事務を行っています。日本においても、既に広域事務組合で水関連の事務を行っている例は多数ありますので、その事務の範囲を少し広げていけば可能になると思います。

３つ目は、流域マネジメントを行う上で必要な知識を発見・普及していくことです。本書では森林とダムの機能と限界について取り上げました。その内容はこれまでの様々な議論や研究の成果のエッセンスを抽出したものであり、流域マネジメントを行う上で必要な知識の一部です。水循環に関しては、この他にもまだ必要な情報があります。例えば、１ヘクタールの農地を宅地にした場合に、どのような汚濁負荷や流出量の変化が生じるのか、ある樹種の森林１ヘクタールを伐採したときに、どのような地形条件なら幾らのコストが生じ採算としてどうなのか。そういった内容についての概算値が頭に入っていることも、先に述べた流域マネジメント専門監には必要になると思います。知識を持つことにより、効果的な流域マネジメントが行えるわけです。

４つ目は、内閣官房水循環政策本部が、おおむね5年ごとに見直される水循環基本計画の中で森林・林業施策とダム水源地域施策が連携した流域マネジメントの方向性をさらに強く打ち出すことです。現在の水循環基本計画の中では、異分野の施策の連携の必要性がうたわれているものの、森林、河川等、農地、都市それぞれの分野で採られている施策が並べられているだけで、具体的な連携の方向性などは示されていません。地域における具体の取り組みが進んでいけば、それが国の計画にも反映されていくでしょう。

実効性のある流域マネジメントを実現するためには、意識改革と行政文化の変革を必要とします。また、流域マネジメントに人材の育成とその前提となる知識の発見・普及も重要です。これは一朝一夕にできることではありません。社会の熟度とそれぞれの流域の実情に応じて、マネジメントの在り方を試行錯誤して模索し実績を積み上げながら、10年、20年、50年後により良い流域マネジメントにしていくという考えの下で第一歩を踏み出すことが肝要だと考えます。

参考文献

1　後藤陽一・友枝竜太郎（1971・1）熊沢蕃山、日本思想体系30、岩波書店
2　水源地研究会（1999・10）21世紀の水源地ビジョン――水源地の総合的な整備のあり方に関する提言、（財）ダム水源地環境整備センター
3　神奈川県（2018・3）酒匂川総合土砂管理プラン、県土整備局河川下水道部河川課

おわりに

日本は水と緑に恵まれた国です。国土の約3分の2が森林に覆われています。先進国の中ではフィンランド、スウェーデンに次いで第3位であり、世界有数の森林国です。ちなみに世界の平均は約30％です。また、年間降水量が約１７００㎜と世界平均の約2倍であり雨の多い国でもあります。この豊富な雨が森林を育んで、緑豊かな国土を形成しています。水と森林は大事な関係にあるのです。

一方、日本には四季があるため台風や梅雨の時期には雨が多く、冬は雨が少ない時期になります。加えて日本海側では冬に雪が降り降水量も多くなるように、地域差もあります。このように日本では年間を通して雨が一定に降るわけではないのです。そして降った雨も急峻な地形からすぐに流れ下って海に出てしまいます。このため降った雨を水道や農業・工業用水として年間を通じて安定して利用するためには、海に流出してしまう水をためて、必要な時に使えるようにする施設が必要です。それが昔からあるため池であったり、現代のダムであったりするわけです。

他方、台風や梅雨の時期にはしばしば集中豪雨となって災害をもたらします。近年は地球温暖化による影響も受けて気象が極端になっており、雨の降り方が尋常ではありません。以前は時間雨量１００㎜を超えるような雨はほとんど観測されませんでした。今では当たり前のように観測され、毎年のように集中豪雨による水害、土砂災害が発生しています。また、線状降水帯という言葉をよく耳にするようになりました。ほぼ同じ線状の場所に次々と雨雲がわき起こって集中豪雨をもたらすのです。本書の第1章で紹介した2017年7月の九州北部豪雨、18年7月の西日本豪雨も線状降水帯によるものでした。

線状降水帯が集中豪雨発生の原因として知られるようになったのは、14年8月の広島市を中心とした大規模な土砂災害でした。このような集中豪雨が発生すると、本書で述べたように水害、土砂災害、流木災害の複合災害となって被害は甚大になります。そうならないように、山から川まで流域全体での総合的な対策とマネジメントが必要です。山林の管理と施策、砂防・ダムの整備などについてハード、ソフト両面からの総合的な取り組みを国、県、市町村といった関係機関が連携・協力することが重要と考えます。今後、地球温暖化が進行し、異常気象、気候変動がさらに顕著になると、これらの複合災害がますます増えると考えられます。それらに対してきちんと備えていかなければなりません。

森林とダムのそれぞれの領域、視点で記述した書籍はこれまでありましたが、両者を合わせた視点からの処方箋を示したものはありませんでした。最近の複合災害を見るにつけ、本書で述べたように森林とダムなど流域全体での連携・協働した取り組みが重要です。緑豊かな美しい国土を保全し、水害、土砂災害、流木災害から人々の生命と財産を守るために、流域全体での総合的な取り組みとマネジメントをすぐにでも実践すべきと考えます。19年の台風19号災害にみられるように雨の降り方がますます極端になる中で猶予はないのです。

虫明 功臣、太田 猛彦

執筆者

井山 聡 (いやま・さとし)

一般財団法人 水源地環境センター 技術参与

[主たる執筆:第1章]

1958年京都府生まれ。83年に京都大学大学院工学研究科修士課程交通土木工学専攻修了後、建設省(現国土交通省)に入省。本省、東北、関東、中国、四国、九州などで、河川やダムに関する国や地方の行政を中心に担当。国土交通省退職後、2016年から現職。同年から日本大ダム会議既設ダム機能活用検討分科会幹事。著書は「新・都市計画マニュアル　供給処理施設・河川　(公社)日本都市計画学会編」など

太田 猛彦 (おおた・たけひこ)

東京大学 名誉教授

[主たる執筆:第4章、はじめに、おわりに]

1941年東京都生まれ。東京大学大学院農学系研究科修了(農学博士)後、東京農工大学助教授を経て東京大学教授、東京農業大学教授。砂防学会長、日本森林学会長、日本緑化工学会長を歴任。林政審議会委員、東京都森林審議会会長等を務め、現在FSCジャパン議長、みえ森林・林業アカデミー学長、かわさき市民アカデミー学長。専門は砂防工学・森林水文学。代表的な著書は「森林飽和」(2012、NHK出版)など

小山内 信智 (おさない・のぶとも)

政策研究大学院大学 教授

[主たる執筆:第3章]

1959年秋田県生まれ。83年に東京大学農学部林学科を卒業後、建設省に入省。国土技術政策総合研究所危機管理技術研究センター砂防研究室長、土木研究所土砂管理研究グループ長、北海道大学大学院農学研究院特任教授などを経て、2019年から現職。農学博士。12年から砂防学会理事、18年から地すべり学会理事。専門は砂防学。代表的な著書は「現代砂防学概論」(古今書院)など

髙橋 定雄 (たかはし・さだお)

一般財団法人 ダム水源地環境センター 水源地環境技術研究所長

[主たる執筆:第2章]

1949年神奈川県生まれ。73年に中央大学理工学部土木工学科卒業後、建設省に入省。建設省河川局治水課長補佐、中国地方整備局河川部長などを経て2014年から現職。13年から(一社)ダム工学会評議委員を担当。著書は「言われなき公共事業批判を糺す」(建設人社)、「ダム不要論を糺す」(建設人社・共著)など

虫明 功臣 (むしあけ・かつみ)

東京大学 名誉教授、福島大学 名誉教授

[主たる執筆:第6章、はじめに、おわりに]

1942年岡山県生まれ。65年に東京大学大学院工学系研究科土木工学専攻修士課程修了後、同大学工学部助手、同大学生産技術研究所講師、助教授を経て、75年教授。2003～09年福島大学理工学群教授。00～01年水文・水資源学会会長、02～09年アジア太平洋水文水資源協会事務局長。国土交通省社会資本審議会委員、同国土審議会委員、(公社)日本河川協会会長などを歴任。専門は水文・水資源工学。代表的な著書は「水環境の保全と再生」(共著、山海堂)、「水資源マネジメントと水環境」(共訳、技報堂)など

安田 吾郎 (やすだ・ごろう)

一般財団法人 水源地環境センター 業務執行理事

[主たる執筆:第5章]

1960年東京都生まれ。85年に東京大学土木工学科を卒業後、建設省に入省。94年に英国ヨーク大学経済学修士修了。建設省・国土交通省では本省および東北・関東・近畿等で河川、ダム、道路等の業務を担当した他、災害対応多数。内閣府では大規模災害の被害想定や省庁版BCPのガイドラインを作成。2018年から現職。19年から日本大ダム会議常務理事。代表的な著書は「BASICゲーム教室」(アスキー)、「土木設計競技ガイドライン」(土木学会・共著)など

ダムと緑のダム

狂暴化する水災害に挑む流域マネジメント

2019年12月9日　初版第1刷発行
2021年12月3日　初版第2刷発行

監修　虫明 功臣（東京大学名誉教授）
太田 猛彦（東京大学名誉教授）
編集　日経コンストラクション
編集スタッフ　真鍋 政彦（日経BP）
発行者　吉田 琢也
発行　日経BP
発売　日経BPマーケティング
〒105-8308　東京都港区虎ノ門4-3-12
アートディレクション　奥村 靫正（TSTJ Inc.）
デザイン　出羽 伸之／真崎 琴実（TSTJ Inc.）
印刷・製本　株式会社広済堂ネクスト

ISBN978-4-296-10447-5

本書籍に関するお問い合わせ、ご連絡は下記にて承ります。
https://nkbp.jp/booksQA